Mein Name ist Burkhard Asmuth und ich liebe das Schreiben. Dieses Hobby ist die Basis für die Gründung meiner Online-Marketing-Agentur 2012 und dem Aufbau von 16 Blog-Projekten.

Ich habe eines Tages verstanden, dass ich mit eigenen Websites nicht nur Texte veröffentlichen, sondern mit diesen Texten auch Geld verdienen kann. Dieses Wissen gebe ich seit 2014 als Dozent für Online-Marketing und Speaker weiter. Nun habe ich meine Erfahrungen in diesem Buch niedergeschrieben.

Ich bin im Jahr 1985 in der Stadt Essen in Nordrhein-Westfalen geboren und wohne seit 2018 in Köln. Nach dem Abitur 2006 auf dem Gymnasium Borbeck schloss ich mich für 23 Monate der Bundeswehr an, bevor ich 2008 an der Ruhr-Universität-Bochum Geschichte und Germanistik studierte. 2007 bis 2014 arbeitete ich immer mal wieder als freier journalistischer Mitarbeiter bei der WAZ in Essen-Kettwig und veröffentlichte Artikel aus den Bereichen Sport, Kultur und Kunst. Von 2009 bis 2012 arbeitete ich als Social-Media-Manager bei dem Kleinanzeigenportal markt.de, bis ich 2012 die Online-Marketing-Agentur Contunda gründete. Seit diesem Zeitpunkt leite ich meine eigene Firma, gehe meinen Lehraufträgen nach und widme mich meinen eigenen Projekten.

Im Jahr 2019 kam ein weiterer Job hinzu, und zwar der des Familienvaters.

Inhaltsverzeichnis

Kapitel 1: Einleitung

I n diesem Buch findest du die Grundlagen, um schon bald mit Hilfe des Internets ein passives Einkommen zu verdienen. Dies schaffst du aber nicht nur mit einer guten Idee, sondern es geht viel um Geduld und Zeit. Natürlich ist das Internet voll mit Erfolgsgeschichten, wie du angeblich sehr viel Geld in kurzer Zeit verdienen kannst. Doch die Wahrheit sieht anders aus: Ein erfolgreiches Internet-Projekt muss mit Geduld, Leidenschaft und der Liebe zum Detail erdacht, konzipiert, aufgebaut und verwaltet werden.

„Je mehr Projekte du realisierst, desto schneller wird es von Projekt zu Projekt gehen."

Dennoch wird dieses Buch, neben einer Schritt-für-Schritt-Anleitung, auch die benötigten Motivationsspritzen enthalten, damit du endlich anfangen kannst.

Ich habe mir vorgenommen, dass du ohne erheblichen Einsatz von finanziellen Mitteln im Internet starten kannst.

Fleiß und Geduld können jederzeit durch Geld ersetzt werden, aber das wirst du selbst beim Lesen erkennen. Darum zeige ich euch kostenlose Wege und Strategien auf, die ein Projekt erfolgreich machen.

„Das Wort ‚Erfolg' steht nicht für nackte Zahlen, sondern die Erfüllung deiner Ziele."

Setze dir immer Ziele und versuche diese zu erreichen. Das ist Erfolg und nicht die Zahlen anderer Menschen.

Ein Beispiel:

Irgendwann in diesem Buch werde ich dir sagen, dass du mindestens acht Blog-Artikel schreiben solltest. Diese Artikel kannst du selbst schreiben oder dir im Internet günstig einkaufen. Dies kann auch funktionieren, aber es soll dein Projekt werden, also würde ich mich freuen, wenn du das Projekt ohne finanzielle Mittel umsetzen wirst, aber das steht dir natürlich frei. Eigentlich ist mir dein Weg auch gleichgültig, aber am Ende solltest du deine Ziele erfüllen, denn sonst kaufst du mein zweites Buch nicht.

Darum wünsche ich dir, liebe:r Leser:in, nun viel Spaß mit diesem Handbuch, welches sich endlich nicht mit der „Goldenen Anleitung" befasst, sondern die Mühen und Hindernisse aufzeigt, damit du im Internet erfolgreich durchstarten kannst.

Ist es nicht witzig, dass ich hiermit dir als Leser:in sage, dass ich diesen Absatz nachträglich in das Vorwort eingebaut habe, weil ich an dem Anspruch, ein aktuelles Buch über das Online-Marketing zu schreiben, verzweifelt bin? Du wirst dieses Buch dennoch lieben, denn es wird eine Inspiration sein. Wenn du mich aus dem echten Leben kennst, dann hast du noch mehr Spaß an dem Buch.

Wenn dies nicht der Fall sein sollte, dann ruf mich doch genau jetzt einfach unter der 0201 4586 2820 an und stell mir deine Fragen und wir lernen uns eben etwas kennen, bevor du mit dem Buch fortfährst. Deal?

Ich freu mich auf deinen Anruf, denn du hast mein Buch gekauft, geschenkt bekommen oder es dir anderweitig besorgt. Wenn du es aus einem Bücherschrank hast, dann würde ich mich ebenfalls über einen Anruf freuen.

Es ist schon fast albern, dass ich dieses Buch jetzt mehrere Jahre wieder und wieder mit Updates versehen habe. Hier eine neue Erkenntnis, da eine neue Funktion und natürlich muss an dieser Stelle ein Witz eingebaut werden. Ich bin wirklich auf die Rezensionen gespannt, aber dafür muss dieses Buch erstmal jemand lesen.

Danke, dass **du** dieser „jemand" gerade bist!

Ich entschuldige mich auch für die hängende Initiale am Anfang eines Kapitels, aber ich konnte nicht anders. Es erinnert mich daran, irgendwann auch mal einen Roman schreiben zu müssen.

Dies ist übrigens eine lustige Randnotiz über meine Person, die viele Leser:innen nicht kennen. Ich schreibe für mein Leben gerne. Mehrere Male habe ich bereits am National Novel Writing Month (NaNoWriMo) erfolgreich teilgenommen. Im Jahr 2019 habe ich mich bei der „Schule des Schreibens" eingeschrieben und bekomme dort regelmäßig Feedback von professionellen Lektor:innen zu meinen Geschichten. Dort habe ich heute (21.11.2020) gelernt, dass lustig geschriebene Sachbücher auch zur Belletristik gehören können. Wenn dies der Fall ist, dann werde ich wohl noch den einen oder anderen Witz einfügen, damit mein Traum von einem eigenen Roman mit diesem Buch endgültig als erfüllt gilt. Wenn ihr eines Tages einen Roman findet, in dem ein Privatdetektiv seine Fälle mit Hilfe von Tarot-Karten löst, dann schaut euch den Autoren genauer an.

Nun geht es aber gleich los mit dem eigentlichen Inhalt dieses Buchs. Wir haben gestern zum ersten Mal eine Leseprobe im Social Media veröffentlicht. Dort lese ich provokant eine Textstelle vor, in der ich über das „passive Einkommen" spreche. In den Ohren vieler meiner Bekannten muss es ordentlich geklingelt haben und einige haben mich mit Sicherheit in die Ecke der „ich mach dich reich in drei Tagen"-Typen gestellt. Leider falsch meine Freund:innen, denn hier wird für sein Einkommen gearbeitet. Das „passiv" in „passives Einkommen" ersetzt nämlich niemals die Arbeit dahinter. Egal ob Automatisierung, Analyse, Optimierung, Distribution oder andere Wege für das Wachstum deines Projektes, die Arbeit wird niemals enden, wenn ein Projekt langfristig Geld abwerfen soll.

Nun geht es endlich los!

Kapitel 2: Die Idee

Der Gedanke „Ich will auch mit dem Internet mein Geld verdienen" allein reicht nicht, um die vielen Möglichkeiten des Internets auszuprobieren. Am Anfang eines Projekts steht die Idee, doch diese kann aus verschiedenen Gründen entstehen.

Mein persönlicher Erfolgstipp, damit dir eine Idee langfristig Spaß macht und dabei auch noch finanzielle Einnahmen beschert, ist die Verknüpfung eines Hobbys oder einer Leidenschaft mit dem Internet-Projekt. Jedoch kannst du auch eine andere Basis für dein Projekt wählen. Gerade als Anfänger sollte es eine Leidenschaft oder ein Hobby sein, damit deine Motivation lange auf dem Höhepunkt bleibt.

Ein anderer vielversprechender Gedanke kann die Erkenntnis sein, dass du ein bestimmtes Problem hast und keine Lösung findest. Du kannst auch von einem Service oder einer Dienstleistung enttäuscht worden sein und hast eine Idee, um diesen Prozess zu optimieren. Denn es geht auch anderen Menschen so und gerade, wenn es da an Angeboten oder Lösungen fehlt, dann hast du eine Nische gefunden. Eine Nische kann dich sehr erfolgreich und auch reich machen, aber auch nur dann, wenn entweder der Bedarf vorhanden ist oder du die Menschen mit deiner Nische begeistern kannst.

Problem   Idee   Projekt

„Je länger du mit deinem Projekt wartest,
desto mehr Nischen sind
bereits besetzt.“

Jeden Tag starten neue Internet-Projekte und *können* dir deine Idee stehlen, weil du sie zu lange in deinem Kopf hattest. Verlier keine Zeit, lies weiter und verwirkliche deine Gedanken. Ich werde dir aufzeigen, wie du den Wert deines Vorhabens vor dem Start bewerten kannst. Jedoch halte ich an meinem Tipp fest, dass ein erstes Projekt im Internet mit deinen Leidenschaften verknüpft werden sollte.

Für diese These oder Einschätzung, habe ich auch einen aktuellen Beleg aus einem persönlichen Erlebnis aus dem November 2020. Auf einer kleinen Online-Geburtstagsfeier eines Freundes haben wir ein neues Spiel gespielt. Wir kannten die Regeln nicht und ich fand heraus, dass es keinen optimierten und sichtbaren Eintrag dazu in der deutschen Sprache gab. Am darauffolgenden Montag schrieb ich einen entsprechenden Blog-Beitrag, veröffentlichte diesen auf dem passenden Projekt, stand am nächsten Tag auf dem ersten Platz bei Google und habe bereits am Dienstag zum ersten Mal kleine Einnahmen über das Affiliate-Programm von Amazon erzielt. Dies zeigt doch, dass wir im Internet am besten die Probleme lösen, für die wir im Privatleben keine Problemlösung gefunden haben. Schneller kann der Wert einer eigenen Idee nicht steigen.

Schreib deine ersten Ideen für eine Website sofort auf:

Kapitel 3: Die berühmte Nischenseite

3.1 Was ist eine Nische?

Unter einer Nischenseite verstehen wir im Online-Marketing, dass wir eine Marktlücke gefunden haben. Diese Marktlücke ist eine Problemlösung, nach der Menschen im Internet suchen, aber keine zufriedenstellende Lösung finden. Wenn du solch ein ungelöstes Problem kennst oder recherchiert hast, dann eignet sich dieses Problem als Aufhänger für dein Projekt.

Deine Nische sollte also entweder eine neue oder optimierte Lösung für ein bestehendes Problem sein oder eben eine innovative neue Dienstleistung, ein Service oder ein Produkt. Ich gehe davon aus, dass du kein neues Produkt entwickelt hast, welches du nun auf den Markt bringen willst. Jedoch möchtest du mit einer Website ein passives Einkommen aufbauen und Geld verdienen. Um eine Nische zu finden, musst du das Internet nach bekannten und unbekannten Problemen aus dem Alltag durchsuchen. Gibt es zum Beispiel schon eine Website, die sich der Reinigung von Fenstern widmet? Wenn nicht, dann könntest du eine Ratgeber-Website zu diesem Thema eröffnen und dich mit dem Problem beschäftigen.

Jedoch ist dies nur die erste Stufe, denn selbst wenn es eine Website zu diesem Thema gibt, kann es Neben-Nischen geben, die sich zwar mit dem gleichen Hauptthema beschäftigen, aber du findest ein weiteres Detail zu diesem Thema, welches im Internet noch nicht stark behandelt wird. Dann hast du ebenfalls eine Nische gefunden.

Beispiel:

Bleiben wir mit der fiktiven Nische „Fensterreinigung". Du willst Zubehör für die perfekte Reinigung eines Fensters über ein Affiliate-Programm verkaufen, aber es gibt viele dieser Seiten? Also musst du die Idee weiterdenken und konzentrierst dich nicht allgemein auf alle Fenster, sondern ziehst den Kreis deutlich enger. Wenn du weniger allgemein denkst, dann kannst du dich zum Beispiel ausschließlich auf Kippfenster oder Panoramafenster konzentrieren. Beide Fensterarten führen zu unterschiedlichen Problemen, so dass du hier das Thema eingrenzen kannst.

So funktioniert die Suche nach einer Nische. Ich möchte mich an dieser Stelle direkt mal selbst loben, denn Panoramafenster wäre ein schönes Projekt. Ich habe das Thema direkt mal bei Google eingegeben und heute, am 24.08.2020, kann ich dir sagen, dass das Thema noch machbar wäre.

3.2 Geld verdienen mit den eigenen Interessen

Dies ist meine Lieblingsmotivation, um mit einem Projekt im Internet zu starten. Du hast ein Hobby und bist auf diesem Gebiet ein:e Spezialist:in. Dadurch ergeben sich die meisten Wege, um langfristig mit einer Website Geld zu verdienen. Du beschäftigst dich eh mit deinem Hobby und so wird es dir leichtfallen, ohne großen Rechercheaufwand, genau die Inhalte zu erstellen, welche Menschen mit dem gleichen Hobby suchen werden. Dazu hast du den großen Vorteil der Authentizität auf deiner Seite, denn du kannst dich persönlich auf deiner Website präsentieren und dies wird dir helfen. Diese Hilfe wird sich zum Beispiel in dem Aufbau von Vertrauen widerspiegeln.

„Du solltest deinem Projekt ein Gesicht geben und dich nicht im Internet verstecken."

Wenn du dich in diesem Punkt angesprochen fühlst, dann wirst du großen Spaß mit diesem Buch haben. Ansonsten haben sich durch zahlreiche Updates auch Ergänzungen für andere Unternehmer:innen ergeben, wie zum Beispiel das Thema „Positionierung" und viele weitere nützliche Tipps, damit auch du dein Unternehmen endlich im Internet angemessen präsentierst.

Ich beziehe mich häufig auf Blog-Projekte, aber wenn du das Buch aufmerksam liest, dann wirst du erkennen, dass viele Tipps und Tricks für jede Art von Web-Präsenz angewendet werden können. Ich hoffe doch sehr, dass ich dich bis hier hin noch nicht verloren habe.

3.3 Welche Hobbys eignen sich?

Dies könnte der kürzeste Abschnitt des Buchs werden, denn die Antwort ist folgende:

„Jedes Hobby eignet sich für ein Internet-Projekt."

Wenn du dein Hobby heimlich und unerkannt ausübst, weil es dir unangenehm und peinlich ist, dann wirst du dich wohl kaum trauen, mit diesem Hobby an das Tageslicht zu gehen und aktiv Werbung dafür zu machen. Ähnlich, wie bei der Nischenseite, sollte dein Hobby natürlich Gleichgesinnte haben, die sich im Internet über Probleme, Neuigkeiten und Produkte zu deinem Thema informieren.

Am besten eignen sich technische Interessen, denn Updates und Neuerungen führen zu neuen interessanten Produkten und sind nicht statisch oder festgefahren. Es gibt zahlreiche Internetseiten mit Produkttests und Vergleichsportale, aber vielleicht hast du die eine Idee, die am Ende mehr für die Leser:innen macht? Finden wir es heraus!

Eine Sammelleidenschaft könnte ebenfalls interessant sein, aber da müssen Programme und Produkte im Internet verfügbar sein, die wirklich Sinn ergeben.

Meine erfolgreichsten Blog-Artikel, die mit Affiliate-Links im Rahmen des Partnerprogramms von Amazon bestückt sind, behandeln diese Themen:

 Fensterreinigung

 Sportler-Akne

 Kinderspiele sind oft auch Trinkspiele

 Lexikon über Superhelden

3.4 Wie wertvoll ist deine Idee?

Dieses Thema können wir an dieser Stelle nur grob anreißen, denn bis wir uns über die möglichen finanziellen Einnahmen unterhalten, dauert es noch einige Kapitel. Wer jedoch meint, dass er erst genaue Zahlen über seine Verdienstmöglichkeiten erfahren muss, bevor er sich dem Konzept seines Projektes widmet, der sollte zu **Kapitel 7** springen. Ich empfehle dir aber, dass du mir erstmal hier folgst, denn gleich kommen wir zu den ersten Hausaufgaben, die dich das Buch weglegen lassen werden.

Es gibt selbstverständlich Leidenschaften und Interessen, die wenig Sinn ergeben. Je teurer die Produkte sind, desto wertvoller ist meistens deine Idee. Jedoch schlägt Masse oft auch den Preis, denn je teurer die Produkte sind, desto kleiner ist die potenzielle Zielgruppe.

Eine ausführliche Recherche wird dir aber die Augen öffnen. Wenn dies dein erstes Internetprojekt werden soll, dann stell diese Frage ein wenig zurück. Denn nur mit einem für dich wirklich interessanten Thema bleibst du bei der Stange und stellst dich den vielen Herausforderungen. Natürlich ist Geld auch Antrieb und Motivation. Einigen wir uns einfach darauf, dass du dich folgender Frage stellen musst:

„Welcher Typ bist du?"

Finanzprodukte bringen Cash

Wenn du nach dem großen Geld greifen willst, dann such dir Produkte aus dem Finanzbereich. Am besten die Produkte, die einen Vertragsabschluss benötigen, wie Versicherungen, Kreditverträge, Kreditkarten oder Mobilfunkverträge. Diese Idee verfolgen im Internet schon sehr viele. Die Provisionen sind üppig und darum sehr begehrt. Viele Provisionen sind an die Vertragsdauer gekoppelt und werden monatlich so lange bezahlt, bis der Vertrag gekündigt wird. Dieses Themenfeld setzt aber auch voraus, dass du dich in die Materie einarbeiten musst, um diese Produkte glaubwürdig vorstellen zu können.

Unentdeckte Reiseziele haben Potenzial

Der Bereich „Reisen" ist stark besetzt, aber hier sehe ich noch Möglichkeiten. Such dir ein Reiseziel aus, welches eher als Geheimtipp gilt. Dieses Reiseziel musst du ausschöpfen und dir starke Partner:innen vor Ort holen, die dich mit guten Preisen für Werbeplätze (z.B. Banner), großzügige Provisionen und faire Vermittlungsgebühren belohnen. Hier haben wir schon Kunden betreut, die in dem Bereich mit wenig Aufwand und einem starken Netzwerk viel Geld verdienen konnten.

Wenn du aber den Reise-Typ im Internet darstellen willst, dann müssen Reisen in deinem Leben auch stattfinden.

Ich habe vor Jahren eine Bloggerin in einem Seminar für Blogger:innen kennengelernt. Sie hatte sich einen Reise-Blog aufgebaut, aber ihre Reisen waren hauptsächlich Tagesausflüge in langweilige Nachbarstädte. Es ging jedes Jahr im Sommer in den 0815-Club-Urlaub, aber das ist keine stabile Basis für einen Reise-Blog. Wenn du aber jedes Jahr an den einen schönen Ort auf der Welt fährst, der das Thema deines Blogs ist, dann kannst du während nur einer Reise so viel Content für ein ganzes Jahr produzieren. Deine Fotos, Videos und Eindrücke bilden dann eine vielschichtige Basis für einen erfolgreichen Reise-Blog.

Sport ist ein Recherche-Thema

Sport ist immer ein Thema, welches von vielen Menschen recherchiert und gegoogelt wird. Außergewöhnliche Sportarten, Trainingseinheiten oder Trainingsorte sind alles spannende Themen. Zeig dich beim Sport, präsentiere Fortschritte, versuche dich in neuen Disziplinen und nimm deine Leser:innen mit auf deine Reise. Hier ist bestimmt noch Platz für eine:n weitere:n Sport-Blogger:in. Der Sport-Blog meiner Agentur läuft seit 2013 ganz stabil. Die Anfragen kommen rein und wir verkaufen mehrfach im Monat eine Crème gegen Sportler:innen-Akne. Und das mit Hilfe eines alten Blog-Artikels und einem entsprechenden Werbebanner. Seit vielen Jahren und völlig ohne Mehraufwand erfüllen damit den Tatbestand des „passiven Einkommens".

Lifestyle kennt keine Grenzen

Mein Lifestyle-Blog war ursprünglich die Idee einer Freundin, aber schnell hatte sie die Lust daran verloren. Ich übernahm das Projekt und betrieb den Blog von da an weiter. Lifestyle definiert sich in den meisten Fällen in Blogs durch herausragende Bilder, die ein schönes Leben zeigen. Das Thema kann breit gefächert sein. Dies kann Vorteile haben, denn es schränkt dich bei der Themenauswahl nicht so sehr ein. Ich gehe später noch genauer auf dieses Thema ein, da die Suche nach einer Nische nicht bedeutet, dass sie ein Themen-Gefängnis darstellt. Denk ruhig in größeren Dimensionen!

Das wollte ich schon immer mal schreiben. In diesem Zusammenhang bedeutet es nur, dass du Nebenschauplätze bei der Wahl deiner Nische mitberücksichtigen darfst.

Weitere funktionierende Themen im Schnelldurchlauf:

Autos
Viele Liebhaber:innen, Tuning-Bereich, Hilfesuchende, Tests, Vergleiche, Zubehör

Medizin
Hausmittel, Empfehlungen, Rezepte, Geräte, Hygiene

Tiere
Tierhaltung, Tierernährung, Krankheiten, Ausbildung der Tiere

Lokalkolorit
Bezug auf eine Stadt, ein Dorf, eine Region, ein Viertel oder ein Veedel nehmen. Die Nachbarschaft wird zu deiner Leserschaft.

Dies sind nur einige Ideen, die im Internet funktionieren, wenn du diese Ideen mit gutem Content befüllst.

Eigentlich sind wir noch bei dem Thema „Wert meiner Idee", aber ich bin ein wenig abgeschweift. Kommen wir zurück zu unserem eigentlichen Thema und untersuchen deine Idee.

3.5 Das Suchvolumen

Wenn du einen Bedarf oder ein Problem entdeckt hast, welches sich für dein Projekt anbietet, dann solltest du wissen, wie viele Menschen danach im Internet suchen. Diese Menge an Suchanfragen wird Suchvolumen genannt und kann zum Beispiel über den **Google Keyword-Planer** oder dem teilweise kostenlosen Tool **Ubersuggest** abgefragt werden. Mögliche Alternativen findest du schnell mit einer Suche bei Google.

Die Welt des Online-Marketings dreht sich so schnell, dass es mir unmöglich sein wird, spezielle Links zu geben, die bei der Veröffentlichung nicht längst wieder ungültig sind. Daher suche bei Google nach *„Keyword Suchvolumen"* oder *„Suchvolumen sehen"*, damit wirst du kostenlose Tools finden. Die großen Anbieter von bekannten SEO-Tools bieten alle eine mehrwöchige kostenlose Testphase an, so dass du dich dort problemlos anmelden kannst, um deine ersten Recherchen zu machen. Hier einige bekannte Tools, die dir immer wieder über den Weg laufen werden, wenn du dich mit der Suchmaschinenoptimierung beschäftigst: *Xovi, Searchmetrics, Ahrefs, Sistrix.*

Es tut mir echt leid, dass ich nicht konkreter werden kann. Dieses Buch hat mich so viele Arbeitsstunden gekostet, da soll es über eine akzeptable Zeitspanne nicht an Gültigkeit verlieren.

Wenn du mich als Käufer:in des Buchs anrufst oder mich im Vorfeld im Social Media in einem Bild von dir und meinem Buch verlinkst, dann hast du mindestens einen Tipp frei. Außerdem macht mich jeder Anruf, mit Bezug auf das Buch, wahrscheinlich sehr glücklich. Du findest mich im Internet auf allen Kanälen mit meinem Klarnamen.

„Die Größe des Suchvolumens entscheidet nicht über den Wert deiner Idee."

Ein geringes Suchvolumen kann der Schlüssel zu einem erfolgreichen Projekt sein. Neben dem Suchvolumen solltest du ähnliche Websites oder Foren zu deinem Thema suchen. Hier wird schnell deutlich, ob dein Thema eine Nische ist und wie groß der Wettbewerb sein wird.

Die meisten Tools spucken auch weitere relevante Suchbegriffe aus, die oft zu einer neuen Idee führen können, wenn sich aus diesen Suchbegriffen die eigentliche Neben-Nische ergibt. Sie zeigen dir auch auf, wie viel Konkurrenz es zu einem Suchbegriff gibt. Je höher der Wert, desto mehr Aufwand muss für ein starkes Ranking betrieben werden.

Eine intensive Keyword-Recherche ist in Verbindung mit dem Suchvolumen enorm wichtig, denn so verdichtet sich deine Idee immer weiter zu dem ersten Ansatz einer Strategie.

3.6 Du bist nie allein

„Sollte es ein Thema oder eine Idee geben, zu der du nichts im Internet findest, dann Chapeau!"

Bevor du dein Projekt startest, gehört diese Ideen-Recherche zu deinen unausweichlichen Hausaufgaben. Im Laufe des Buchs werde ich dir auch sagen, dass Social Media ein wichtiger Baustein für dein Projekt ist. Mach dir eine Liste mit allen Quellen, die für deine Idee wichtig sind oder sein könnten. Dazu gehören nicht nur Websites, sondern auch Wikipedia-Beiträge, YouTube-Kanäle, Foren und Social Media-Kanäle.

Mit Hilfe dieser Referenzseiten wirst du später deine Inhalte, für die ersten Beiträge deines Projektes finden. Doch dazu kommen wir später noch viel genauer.

Wenn du nichts zu deinem Thema im Internet findest, dann solltest du dringend über den Bedarf nachdenken. Wird deine Idee gesucht oder gebraucht? Ein wenig Wettbewerb bietet auch einige Vorteile, denn gerade Wettbewerber:innen sorgen für die Bekanntheit deiner Produkte. Du musst am Ende nur die besten Produkte, Antworten, Lösungen oder Hilfestellungen anbieten.

„Wettbewerber:innen sind nicht abschreckend, sondern motivierend."

3.7 Was kannst du mit deiner Idee verdienen?

N atürlich interessiert dich wieder das Geld. Das hatten wir doch schon weiter oben. Im Empfehlungsmarketing variiert die Höhe der Vergütung. Es gibt kleine Cent-Beträge bis mehrstellige Euro-Beträge pro Verkauf oder Vermittlung zu verdienen.

Regelmäßiges Einkommen ist mit einer Lifetime-Vergütung möglich, denn dann verdienst du bei monatlichen oder jährlichen Abonnements mit jeder gestellten Rechnung und Verlängerung. Dies bedeutet, dass du an einem vermittelten Kunden über die gesamte Laufzeit verdienen kannst, wenn du das richtige Programm im Internet gefunden hast.

Die Gesamtsumme der Verkäufe hängt mit der Größe der Communitys zusammen, in denen deine potenziellen Käufer:innen aktiv sind.

Nach den Recherchen kannst du die ungefähre Größe der potenziellen Käufer:innen aus folgenden Mittelwerten ermitteln:

- **Suchvolumen der relevanten Keywords**
- **Anzahl der Wettbewerber und deren Follower**
- **Größe der Social Media-Community**
- **Aufrufe von themenrelevanten Hashtags**

Dies sind nur einige Kennzahlen, um die Größe der bereits vorhandenen und öffentlich einsehbaren Interessenten zu ermitteln.

Bei bestimmten Themen sind auch die **Ränge bei Amazon**, die zum Teil die Verkaufszahlen erahnen lassen, interessant. Eine andere Quelle für diese Berechnung sind **Bestseller-Listen** der Produkte. Dies alles gehört zu den Vorarbeiten, denn noch besteht dein Projekt nur aus einer Idee, die wir nun mit ein paar Zahlen angereichert haben.

Mein erstes Ziel für jedes Projekt im Internet:

Der erste verdiente Euro!

Ich könnte lügen und behaupten, dass du deinen ersten Umsatz, den du mit einem Internet-Projekt machen wirst, niemals vergessen wirst. Ich kann mich an meinen leider nicht mehr erinnern.

Es ist dennoch ein großer Erfolg, denn dein Content hat für einen Verkauf gesorgt. Dein Ratgeber hat einen Interessenten zu einem Käufer verwandelt. Du bist ein:e Zauberer:in!

„Wenn mit einer Website ein Verkauf gelungen ist, dann folgen weitere."

Das ist so und gilt auch für Online-Shops. Es gibt nur selten die Ein-Mann-Zielgruppe oder die Ein-Frau-Zielgruppe. Du hast etwas richtig gemacht, denn sonst hättest du keinen Umsatz generiert. Um dies wiederholen zu können, musst du den Erfolg **analysieren**, **reproduzieren** und **optimieren**. Du änderst den verkaufenden Blog-Artikel natürlich nicht sofort, aber dein nächster muss darauf aufbauen.

Im November 2020 habe ich meinen ersten Online-Kurs bei Udemy eingestellt. Nach zwei Tagen hatte ich über Nacht die ersten zwei Verkäufe. Warum erzähle ich dir das? Weil ein Online-Kurs eine wunderbare Ergänzung für einen Blog über deine Leidenschaften und deine Expertise sein kann. Darüber hinaus kannst du mich nun bei Udemy suchen und findest dort meinen Videokurs über die Erstellung sichtbarer und erfolgreicher Texte für das Internet. Auf diesen Plattformen gilt auch wieder das Prinzip, dass der erste Verkauf wahrscheinlich nicht der letzte sein wird. Dranbleiben, optimieren, analysieren und dann wird das schon funktionieren.

Zwischenfazit

Wir nehmen nun an, dass du bis zu diesem Kapitel ein Thema für dein Projekt hast. Du hast dir nun fest vorgenommen, dass du in Zukunft viel Zeit, Geduld und wunde Finger aufbringen wirst, damit dieses Projekt schon bald seine ersten Erfolge feiern wird. Du musst für dieses Projekt brennen. Wenn sich das Projekt um dein Hobby oder deine Leidenschaft dreht, wird es dir viel Spaß und Freude machen. Wenn du eine Nische gefunden hast, von der du dir finanzielle Erfolge erhoffst, dann sieh es am Anfang als spaßigen Nebenjob an.

Beide Herangehensweisen bedeuten den gleichen Aufwand, doch für beide Ansätze gelten andere Motivationen. Allerdings sollte deine innere Flamme für dieses Projekt kräftig und lange brennen.

„Das Wort ‚passiv' in passives Einkommen bedeutet nicht, dass das Wort ‚aktiv' für dich komplett ausgestorben ist."

Wenn du deinen ersten Euro mit deinem Projekt verdient hast, dann fehlen nicht mehr viele Euros und du hast den Preis für dieses Buch wieder raus und dann beginnt schon bald die Gewinnzone. Nun bringe ich dich aber erstmal in das Internet.

Kapitel 4: In 10 Schritten zum Internet-Projekt

4.1. Schritt 1: Das passende Thema finden

D as Thema für dein Internet-Projekt hast du dir bereits in den letzten Kapiteln erarbeitet. Sei dir sicher, dass du das Thema weder zu weit noch zu eng definiert hast und du genug Platz für viele Beiträge und Inhalte hast. Selbst wenn eine Spezialisierung bis zu diesem Zeitpunkt noch nicht vorhanden ist, dann bedeutet dies nicht, dass das im Laufe des Projekts nicht noch kommen wird. Erst wenn du angefangen hast, werden dir Zahlen und Analysen helfen können, deine Potentiale zu erkennen und die Einnahmen zu optimieren. Überlege dir zu deinem Thema einen festen Kern und baue um diesen Kern die Nebenschauplätze auf, die alle wieder auf den Kern verweisen. Diese könnten die Namensgeber für Kategorien werden, falls du deine Website wie einen Blog oder ein Magazin aufbauen möchtest.

Ich habe meine Blogs nach einem bestimmten Muster aufgebaut. Meine Blogs haben alle ein zentrales Thema, wie Autos, Immobilien, Tiere, Finanzen und Sport. Jedem Thema habe ich einen Schwerpunkt zugeordnet, über den ich regelmäßig schreibe und diesen optimiere. Ich nehme mir allerdings den Druck und habe jedem Blog mehrere Kategorien, also Unterthemen, verpasst, damit ich das gesamte Themenfeld abdecken kann. Dies macht meine Blogs interessanter für Werbeanfragen und Kooperationspartner:innen, da ich keine thematischen Sackgassen errichtet habe.

Auf einigen Blogs haben sich die Schwerpunkte in den letzten Jahren verschoben, aber damit kann ich umgehen. In meinem Blog über Immobilien ging es anfangs um den Beruf des Immobilienmaklers, aber heute gehören folgende drei Themen zu den am meisten angeklickten Artikeln:

- 5 Tipps für effektives Fensterputzen
- Der perfekte WG-Putzplan
- Flur richtig putzen

Alle Themen haben einen Bezug zu Immobilien, stehen aber nicht direkt in Verbindung zu Immobilienmaklern. Ich habe das Potenzial für Haushaltsratgeber entdeckt und meinen Blog darauf ausgerichtet. Gleichzeitig bekomme ich Anfragen von Immobilienmakler:innen, die mit mir kooperieren oder arbeiten wollen.

Zu diesen Themen könnte ich mir eine eigene Website vorstellen:

4.2 Schritt 2: Die richtige Domain auswählen

Du brauchst eine Domain für dein Projekt. Hierbei ist zu beachten, dass die Zeit der sprechenden Domains vorbei ist. Wenn du also ein Projekt zum Thema „Geld verdienen im Internet" starten willst, dann muss die Domain nicht *www.geld-verdienen-im-internet.de* heißen, um zu diesem Thema in den Suchmaschinen vor deinen Wettbewerber:innen zu stehen. Früher entschieden noch keine 250 Rankingfaktoren mit dem Fokus auf Natürlichkeit über die Platzierung der eigenen Website im Internet. Damals konnten sich Website-Betreiber:innen noch mit solch einer Domain einen Vorteil sichern, doch heute ist dies vorbei.

Diese Domain aus dem Beispiel gehört mir nicht. Sie enthält eine kaputte Seite (Stand: 19.03.2021) und jemand wollte darauf so etwas wie mein Buch als Website realisieren. Dies ist ein Beispiel dafür, dass du hier bei dem Kapitel noch lange nicht am Ziel angekommen bist.

Es gibt mehrere Möglichkeiten für die Wahl der optimalen Domain:

Nutzt euren Namen

Eine Möglichkeit ist die Nutzung des eigenen Namens für dein Projekt. Du kannst *www.vorname-nachname.de* oder *www.nachname.de nutzen*. Damit steht ein echter Mensch hinter der Website und das verschafft dir schnell einen Vertrauensbonus. Gleichzeitig wirkt es authentischer. Ich wünsche dir sehr, dass du nicht zu viele Namensvetter hast, wie es mehrere Mitarbeiter:innen in meiner Agentur haben. Mein fast einzigartiger Name spielt mir da wunderbar in die Karten. Wenn dein Name schon besetzt ist, dann versuche kleine Abänderungen oder kombinier deinen Namen direkt mit dem Thema.

Wenn deine Wahl auf deinen Klarnamen fällt, dann stehst du mit deinem Namen ab sofort für dein gewähltes Thema. Familienmitglieder:innen, Freund:innen, Bekannte und Arbeitskolleg:innen werden dein Projekt schon bald finden können, wenn sie über dich bei Google recherchieren. Es ist bestimmt ratsam, dass in einigen Berufen auf die Wahl des Klarnamens verzichtet wird. Spontan fällt mir hier der Beruf der Lehrer:innen ein. Es gibt Website-Betreiber:innen, die nutzen ihren Namen auch deshalb für ihr Internetprojekt, weil dieses auch als Eigenwerbung genutzt wird. Ein Beispiel ist hier die Jobsuche. Eine Website fördert die eigene Positionierung im Internet, denn wenn dein Name plötzlich zu gewissen Themen im Internet auftaucht, dann kommst du dem Status eines Experten oder einer Expertin immer näher. Das Wort „Experte" ist spannend.

> *„Wer sich selbst als*
> *Experte oder Expertin bezeichnet,*
> *der wirkt auf mich*
> *im ersten Moment unseriös."*

Ein Experte IST niemand, sondern ein Experte WIRD jemand. Nämlich dann, wenn jemand über dich sagt, dass du in seinen Augen ein Experte bist. Dann wirst du zu einem Experten oder zu einer Expertin. Ziel ist es daher, dass viele Menschen genau das über dich denken. Wenn du diesen Status in deiner Nische erreicht hast, dann funktioniert das auch mit dem Geld verdienen. Wenn jemand eine Frage zu deiner Nische hat, dann kommt er damit sofort zu dir. Firmen, die in deiner Nische tätig sind, melden sich bei dir, bieten dir Kooperationen an und bezahlen für ihre Positionierung auf deiner Website. Genau da musst du hinkommen, doch der Weg dorthin bedeutet eben Geduld, Schweiß und wunde Finger.

Der Fantasiename

Meine Online-Marketing Agentur heißt *Contunda* und hierbei handelt es sich um einen Fantasienamen. Wir wollten das Wort „Content" im Namen haben. Wir haben uns ganz am Anfang für „Contentwelle" entschieden, jedoch kamen wir von der Schnapsidee schnell ab. Mit ein paar Wein im Kopf, erinnerte ich mich an das lateinische Wort „Unda" für Welle und Contunda wurde geboren.

Genug der Eigenwerbung, aber die kleine Geschichte lehrt dich etwas. Mit einem Fantasienamen hast du nicht nur eine schöne Geschichte, die du mit Sicherheit oft erzählen musst. Du hast auch die Gewissheit, dass du diesen Namen nicht nur als Domain, sondern auch auf jedem Social Media-Kanal sichern kannst. Du kannst mit einem Fantasienamen viel schneller eine Marke aufbauen als mit einer sprechenden URL oder deinem Klarnamen. Ein Kunstwort ist immer die Basis für Neugier und damit kannst du im Internet wunderbar spielen.

„Je kürzer und aussagekräftiger dein zukünftiger Markenname ist, desto besser."

Hier ist Platz für deine Fantasienamen:

-
-
-
-

Thema des Projekts

Natürlich hat die genaue Bezeichnung deines Projektes innerhalb der Domain seine Vorteile, aber ein Kunstwort kann dir auf so vielen Kanälen und bei Strategien eine wichtige Hilfe sein, so dass ich dir diesen Weg empfehle.

Wenn du das Thema mit einem Wort kombinierst, wie zum Beispiel Tipps, Ratgeber oder Hilfe, dann bist du bei der Breite deiner Themen sehr festgefahren. Damit meine ich, dass wenn du dich tatsächlich auf die Fensterreinigung konzentrieren willst, dann wäre eine Domain aus den Wörtern „Fensterreinigung" und „Tipps" in der Form eingeschränkt, dass du nun keine Ratgeber über verschiedene Fensterarten schreiben kannst. Daher wäre hier eine Kombination aus Fenster und eben Ratgeber, Tipps oder Hilfe eher geeignet, um dein erstes Projekt im Internet etwas offener zu gestalten.

Bei einer Domain mit einem zu engen Fokus wissen deine Leser zwar sofort, worum es auf deiner Website geht, aber es schränkt deine späteren Möglichkeiten etwas ein.

Es hat also seine Vorteile, aber auch seine Nachteile. Wenn die Domain stattdessen etwas allgemeiner gehalten wird, dann setzt du dich mit deiner ersten Idee nicht so unter Druck.

Welche Domainendung ist die richtige?

Eine deutsche Website mit deutschen Inhalten sollte im besten Fall die klassische .de-Endung haben. Es gibt zwar viele neue Domainendungen, doch Menschen sind Gewohnheitstiere. Wenn es geht, dann nutz eine .de-Endung, aber wenn es nicht geht, dann kann auch eine Alternative gewählt werden. Am Ende kommt es auf die Inhalte der Website an und nicht auf den Domainnamen.

Als Gewohnheitstiere kennen viele Nutzer:innen eben nur die Domainendung „.de" und darum haben es neue Endungen schwer auf dem Markt. Wenn diese aber nicht mehr verfügbar ist, dann versuch es doch mit der Endung „.com". Es sind die geläufigsten Domainendungen auf dem deutschen Markt.

4.3 Schritt 3: Den richtigen Webhoster finden

Dein Projekt wird gleich eine WordPress-Website sein, so dass es einen wichtigen Tipp für die Auswahl deines Webhosters gibt. Du brauchst für WordPress eine Datenbank. Diese heißt *MySQL-Datenbank* und muss in deinem Hosting-Paket dabei sein. Es gibt unzählige Anbieter, so dass ich hier keinen Favoriten nennen möchte. Als Käufer:in dieses Buchs habt ihr aber mindestens einen Anruf bei mir frei.

Das geheime Codewort lautet wie folgt:
„Darf ich bitte den Bestseller-Autor
Burkhard Asmuth sprechen?"

Mit diesem Codewort bekommt ihr alle Hinweise, die ich hier nicht nennen möchte, völlig kostenlos. Ansonsten frag mal bei Facebook in den Gruppen nach, die sich mit WordPress beschäftigen. Dort wirst du die verschiedensten Antworten finden, aber da empfehlen dir Expert:innen schon was Brauchbares.

Seit der Einführung der DSGVO ist es wichtig, dass dein Webhoster dir eine SSL-Verschlüsselung anbietet. Kauf dir am besten ein solches SSL-Zertifikat, um das grüne Schloss im Browser deiner Website-Besucher zu bekommen. Eine SSL-Verschlüsselung ist auch ein Rankingfaktor bei Google und baut Vertrauen gegenüber der Suchmaschine und den Website-Besucher:innen auf. Zudem gehen manche Browser soweit und zeigen „unsichere" Websites in Zukunft nicht mehr an.

4.4 Schritt 4: WordPress-Installation durchführen

Ich erstelle alle meine Projekte und die meisten Websites für Kunden mit WordPress. Zu dem Thema gibt es viele gute und ausführliche Bücher. Die meisten Webhoster bieten für die Installation von WordPress eine Ein-Klick-Installation an, so dass du jetzt vor einer sauberen WordPress-Installation stehst. Jetzt wird es ernst.

WordPress benutzen wir für unsere Website und unsere Kund:innenprojekte, weil das System sich seit Jahren erfolgreich bewährt hat. Wir haben Websites kopiert und eigentlich nur das CMS-System geändert und bekamen direkt mehr Besucher auf die Website. Das System ist nahezu idiotensicher und eigentlich kann sich jeder selbst professionelle Websites erstellen, doch die Faktoren Zeit und Erfahrung sind schon sehr wichtig, denn neben einer gelungenen Struktur entscheiden später Zahlen und Analysen über den Erfolg oder Misserfolg einer Website. WordPress ist simpel aufgebaut und wenn du die Grundstruktur verstanden hast, dann bieten dir die Plugins und Templates von WordPress nahezu alle Funktionen für jedes erdenkliche Projekt. Du kannst mit WordPress alles realisieren. Von einem kleinen Blog bis hin zu einer komplexen verkaufenden Plattform ist mit dem System einiges möglich. Du kannst dir ein eigenes eBay, Airbnb oder Immobilien-Portal bauen. Die Technik kostet meistens unter 100 €, aber danach beginnt die Arbeit. Übersetzungen, Text-Erstellungen und anschließend natürlich das Marketing, damit andere Menschen dein Angebot nutzen.

Wir haben im Jahr 2020 eine eigene Website aufgebaut, die sich nur mit WordPress-Themen beschäftigt. Du findest sie unter *www.wp-campus.de* und dort gibt es viele nützliche Plugin-Empfehlungen oder auch Ratgeber über die Einhaltung der Datenschutzbestimmungen. Mittlerweile haben wir auf *www.contunda-akademie.de* auch einen kostenlosen Video-Kurs. Dort zeigt dir Julian Post aus dem Contunda-Team, wie du dir WordPress installieren kannst.

Der genaue Umgang mit WordPress lässt sich in meinem Format eines Buches nicht beschreiben, so dass du hier auf ein Buch mit Bildern und Screenshots zurückgreifen solltest. Eine kostenlose Alternative bilden die zahlreichen Videos auf YouTube, die dir jede Frage zu WordPress beantworten werden.

Unser ganzes Wissen über Online-Marketing hat seinen Ursprung bei YouTube. Damals bastelten wir auf einem Monitor die Websites und schauten uns auf dem zweiten Monitor das passende YouTube-Tutorial an.

Wir haben die Corona-Zeit genutzt, um unsere eigene Lernplattform aufzubauen. Natürlich gibt es als Käufer:in dieses Buchs auch hier starke Rabatte. Oben habe ich die Contunda-Akademie bereits verlinkt. Dort findest du kostenlose Kurse über Social Media und WordPress, aber auch einen Videokurs über die komplette Erstellung eines Blogs. Eigentlich ist dieser Video-Kurs der Film zu diesem Buch. Wir haben für diesen Video-Kurs mit *KitchenApe* einen neuen Blog gestartet. Für diesen neuen Blog habe ich die Inhalte dieses Buchs erneut erfolgreich umgesetzt. Nach wenigen Tagen im Google-Index verzeichnete der Blog bereits den ersten Traffic. Schau dir den aktuellen Stand doch gerne mal an. Schon nach einem Monat machte ich im Rahmen einer kleinen Kooperation meinen ersten Umsatz mit diesem Projekt. Der Blog wurde im Oktober 2020 eröffnet und du findest ihn unter *www.kitchenape.de.*

4.5 Schritt 5: Das richtige WordPress-Theme für dein Projekt wählen

B evor es gleich um den Aufbau deines Projektes geht, musst du dir ein Template aussuchen. Dieses kann du aus dem Portfolio der kostenlosen Templates von WordPress wählen oder du schaust dich im Internet nach einer kostenpflichtigen Lösung um.

Da du dein Projekt noch lange nicht der Welt präsentieren wirst, kannst du das auch gerne noch etwas vor dir herschieben. Jedoch solltest du bei der Suche nach einem Template einige Fragen vorher geklärt haben.

„In welcher Form willst du Content veröffentlichen?"

Ratgeber

In Ratgebertexten kannst du am besten auf Fragen eingehen, die User:innen der Suchmaschine stellen. Durch gezielte Antworten auf häufig gestellte Fragen lassen sich effektive Texte erstellen, mit denen sich deine Produkte und Dienstleistungen verkaufen lassen. Mit Hilfe eines Ratgebers kannst du dich in Form eines langen Textes mit allen Facetten deines Themas befassen.

Der Aufbau dieses Textes sollte einem Eintrag bei Wikipedia ähneln, so dass du klare Kapitel mit Hilfe von Zwischenüberschriften markierst, du ein Inhaltsverzeichnis voranstellst und interne und externe Links zu relevanten Beiträgen hinzufügst. Wenn dein Ratgebertext mehrere tausend Wörter beinhaltet, dann hast du schon eine stabile Basis für die ersten Klicks geschaffen. Meistens ergeben sich besonders aus den langen Texten viele kleine Nebenthemen für weitere Texte auf deiner Website.

Videos

In einem Video kommt es bei dem Einsatz von realen Menschen auf die Persönlichkeiten an. Der Mensch, der in deinem Video versucht zu verkaufen, muss überzeugend sein. Bei einem animierten oder gezeichneten Erklärvideo solltest du auf einen aufregenden Spannungsbogen achten.

Lass das Video nicht länger als drei Minuten lang werden, denn durch das Internet und die Mediennutzung hat sich unsere Aufmerksamkeitsspanne enorm verkürzt. Diese Vorgabe gilt nur dann, wenn sich deine Themen in kurzer Zeit erklären lassen. Die User:innen schauen auch längere Videos, aber je länger ein Video ist, desto schwerer ist es, die Zuschauer:innen nicht zu verlieren. Wenn der Einsatz von Videos eines deiner Verkaufsinstrumente werden soll, dann musst du YouTube nutzen, denn dort lässt sich eine enorme Reichweite kreieren.

Wenn ich ständig von einer Website oder einem Blog schreibe, dann vergesse ich dir zu sagen, dass die Basis deiner Verkäufe natürlich auch ein YouTube-Kanal, ein Instagram-Kanal oder eine Facebook-Seite sein kann.

Ich komme aber eher aus dem Content-Marketing und liebe das Schreiben, so dass ich meine Basis in Form eines Blogs gefunden habe. Dennoch kann dein WordPress-Template auch den Fokus auf Videos setzen, so dass du deine oder fremde Videos von YouTube in den Fokus deiner Website stellst und darüber die Produkte bewirbst.

Kleiner SEO-Tipp:
Wenn du ein fremdes Video zu einem Thema in deinen Beitrag einbettest, dann nimm immer eines der ersten Vorschläge von YouTube zu deiner Suchanfrage.

Rezensionen

Bei Rezensionen kommt es darauf an, dass die Leser:innen glauben, dass du das Produkt wirklich getestet hast. Meine besten Verkäufe mit Hilfe von Rezensionen habe ich immer dann, wenn ich authentische und echte Fotos gemacht habe. Bei einem Testbericht kommt es darauf an, dass sich mit dem Produkt auseinandergesetzt wird. Natürlich gelten hier auch die Kriterien, die ich nachfolgend unter dem Punkt „Bewertungen" aufgeschrieben habe.

Bewertungen

Menschen stehen auf Bewertungen. Du solltest dir wiederkehrende Bewertungskriterien überlegen, damit deine Rezensionen auch verglichen werden können. Behalte gleiche und vergleichbare Kriterien innerhalb einer Produktgruppe bei, um einen Wiedererkennungswert bei dem Leser aufzubauen.

Der Vorteil an wiederholenden Mustern und Grafiken ist nicht nur der Wiedererkennungswert, sondern damit lassen sich wiederverwendbare Vorlagen basteln. Eine Bewertung kannst du visuell wunderbar mit Prozenten oder Sternen aufhübschen. Ich finde die Bewertungen auf meinen Blogs www.comicstation.de und www.lifestylelove.de sehr ansprechend.

„Gib nicht jedem Produkt auf deiner Website die volle Punktzahl, denn als zukünftige:r Expert:in musst du glaubhaft sein."

Tipps zu unterschiedlichen Medien

Texte

Texte sind der Grundstein einer jeden Internetseite und der wichtigste Baustein im Kampf um die begehrten Plätze auf der ersten Seite bei Google. Mein Zusatz im Buchtitel „wunde Finger" steht genau für diesen Aufwand, denn du musst Texte veröffentlichen.

Mein Tipp für suchmaschinenoptimierte Texte beinhaltet den Weg der Natürlichkeit. Wenn du meinem anfänglichen Rat gefolgt bist und dir ein dir nahestehendes Thema aus dem Pool deiner Interessen ausgesucht hast, dann beschäftige dich nicht mit Suchbegriffen. Schreib drauf los und schreibe alles über das auserwählte Thema nieder. Fang am besten mit einem allgemeinen und umfassenden Artikel an. Aus diesem Artikel entnimmst du die Nebenschauplätze und verlinkst innerhalb deiner Seite von Artikel zu Artikel. So spinnst du ein effektives Netz aus Informationen auf deiner Seite und teilst Google somit mit, dass du dich um jedes Detail innerhalb deines Themas kümmerst und die Suchenden alle Informationen auf deiner Website finden.

Videos

„Mein Tipp für selbsterstellte Videos ist, dass nicht jedes erfolgreiche Video die Qualität eines Kinofilms besitzen muss."

Ich bin ein großer Freund von Smartphone-Videos. Dies bedeutet, dass ich meine Videos, so oft es geht, mit dem Smartphone aufnehme und diese in den entsprechenden Kanälen veröffentliche. Für die Stabilität der Bilder habe ich immer ein Stativ und ein Gimbal dabei. Früher habe ich mich oft für das Querformat von Videos eingesetzt und die Leute spöttisch betrachtet, die das Hochkantformat nutzen. Heute sieht es aber so aus, dass wir am häufigsten mit dem Smartphone die Videos konsumieren und wir das Smartphone meistens hochkant in den

Händen halten. Daher ist es heute bei IGTV (Videoplattform von Instagram) und TikTok notwendig, dass die Videos sich diesem Verhalten der Benutzer:innen anpassen. Namhafte Videokünstler:innen drehen für Instagram und Facebook ihre Videos

im Hochkantformat und dank meiner letzten eigenen Aufträge bin ich auch Fan davon.

„Achte darauf, dass du Videos immer kanalspezifisch erstellst, denn jeder Kanal hat seine eigenen Gesetze."

Bei dem Kauf des Video-Equipments ist es wichtig, dass die Halterung, sowohl für das Hochkantformat als auch für das Querformat, genutzt werden kann. Über je mehr Funktionen ein Werkzeug verfügt, desto weniger Gepäck schleppt ihr mit euch herum. Ich kann mein Gimbal auf Knopfdruck das Format ändern lassen.

Bei Veranstaltungen habe ich immer den Vorteil, dass ein Smartphone die gefilmten Menschen nicht so einschüchtert, wie eine Profi-Kamera und ich so authentische Bilder auffangen kann.

Die Qualität eines aktuellen Smartphones ist mehr aus ausreichend. Natürlich gibt es Themen, Situationen und Aufträge und ihr stoßt mit einem Smartphone auf unüberwindbare Grenzen. Dann müsst ihr mit der Spiegelreflex oder der Videokamera anrücken, um das Maximum aus den Bildern und den Situationen herauszuholen.

Bilder

Bilder sind immer ein schwieriges Thema. Mein Tipp ist hier, dass du möglichst eigene Bilder benutzen solltest. Es gibt Datenbanken mit lizenzfreien Bildern, aber dennoch schwebt immer ein Hauch von Zweifel bei der Verwendung von Stockfotos mit.

Ich kennzeichne jedes Bild aus einer Datenbank, auch wenn ich laut der Richtlinien oder der vorgegebenen Lizenz dazu nicht verpflichtet bin. Ich möchte mich so absichern, denn ich kann nicht bei jedem Bild den Status der Lizenz im Auge behalten. Ich nutze häufig *Pixabay* und habe das Abo von *Envato Elements*.

Eine Bild-Kennzeichnung könnte dann am Ende des Textes so aussehen:
```
Bildquelle: Pixabay-User Max Mustermann
```

Oft knipse ich zu den Themen *Marketing*, *Finanzen* oder *Bildung* einfach meinen Schreibtisch oder skizziere das Thema auf meinem Whiteboard im Büro. So erschaffe ich mir schnell passende Beitragsbilder und weiß, dass ich der Urheber dieser Bilder bin. Ich habe auch schon oft Freunde nach passenden Bildern gefragt, denn gerade auf dem Blog über Reisen befinden sich viele Bilder von Freund:innen, Bekannten und Familienmitglieder:innen. Irgendwer ist doch immer im Urlaub.

Grafiken

Eine Grafik ist ein beliebtes Mittel im Internet, denn Tabellen, Schaubilder und Diagramme können die Aufmerksamkeit der Menschen auf sich ziehen. Die Gründe sind verschieden, aber wir sind sehr visuelle Wesen und eine Grafik sagt auf einem Blick mehr aus als ein Text.

Wenn wir lange Texte für die Sichtbarkeit schreiben, dann bedeutet das nicht, dass unsere potenziellen Käufer:innen diese langen Texte auch wirklich lesen wollen.

> *„Mit dem Text locken wir Käufer:innen auf die Seite, aber mit Hilfe der Grafik wird am Ende gekauft.“*

Wenn du bei Google *„Grafik erstellen kostenlos“* eingibst, dann findest du die richtigen Tools und kannst loslegen. Mein Favorit heißt *Canva* und bietet in der kostenlosen Version genug Funktionen für einen erfolgreichen Blog. In vielen Bereichen bieten sich Grafiken an. Statistiken sind immer eine schöne Basis für ein Tortendiagramm. Bei Entwicklungen und Verläufen eignen sich Kurvendiagramme optimal. Bei Vergleichen ist die Tabelle das richtige Werkzeug.

Sound

Wir leben in der Zeit der Podcasts! Ich betreibe seit 2017 mit meinem Freund Matthias den Podcast *So nämlich!*. Das Format „Podcast" ist längst ein beliebtes Marketinginstrument geworden. Dieses Projekt ist ein Hobby, aber aus diesem Hobby wurde dann 2018 der Podcast unserer Agentur, denn mir ist eines Tages aufgefallen, dass ein Podcast viele Probleme im täglichen Geschäft löst.

Wir als Agentur sind auf Eigenmarketing angewiesen, denn wir wollen uns nicht nur auf Empfehlungen verlassen, sondern mit Hilfe von Inhalten aktiv neue Kund:innen gewinnen. Nun stehen wir aber vor dem Problem, dass wir im Agentur-Alltag kaum Zeit und auch selten Ideen für Inhalte für Facebook, Instagram und YouTube haben. Dann kam mir eines Tages die Idee, dass wir alle Kanäle sinnvoll mit einem Podcast regelmäßig befüllen könnten. Wenn wir circa 60 Minuten lang eine Folge für unseren

Podcast aufnehmen, dann können wir mit dem Material mehrere Kanäle bespielen.

Während der Aufnahme filmen wir uns, damit wir auch ein Video mit dem Inhalt haben. Auf der Website wird zu jeder Folge ein Beitrag geschrieben, denn durch die Inhalte der Folge ergibt sich dann der Text von selbst. Dieser Beitrag wird dann auf Facebook gepostet.

In einem zweiten Posting veröffentlichen wir einen Ausschnitt, also einen Teaser, der Folge mit Hilfe eines Videos. Dieses Video posten wir auf Instagram. Der Vorteil ist, dass wir die Arbeit innerhalb der Agentur aufteilen können.

Die Kompetenzen für Aufnahme, Schnitt, Bilderstellung und Texterstellung liegen bei unterschiedlichen Mitarbeiter:innen, aber wenn alle mithelfen, dann ist diese kanalspezifische Erstellung der Inhalte in wenigen Stunden erledigt.

Am Ende haben wir innerhalb von circa 2,5 Stunden folgende Kanäle bespielt:

- Website
- Facebook
- Instagram
- YouTube
- Pinterest
- iTunes
- Spotify
- sämtliche Podcast-Apps
- weitere Kanäle möglich

Musiker:innen profitieren seit vielen Jahren von den sozialen Netzwerken. Spotify wird von einigen Künstler:innen kritisiert, weil die Auszahlungen sehr gering ausfallen. Jedoch haben schon einige Musiker:innen ihren Durchbruch über Social Media feiern dürfen. Ein Video bei
YouTube, welches plötzlich viral geht und der erste Plattenvertrag lässt nicht lange auf sich warten. Unter Sound fasse ich also auch jede Art von Musik, die im heute Internet parallel auf mehreren Plattformen platziert werden kann.

Weitere WordPress-Vorteile

WordPress kann dank seiner großen Anzahl an Erweiterungen (Plugins) beinahe alles. Mit den richtigen Plugins kann jedes Template beliebig um die Funktionen erweitert werden, die du dir im Laufe des Arbeitsprozesses wünschen wirst. Jedoch empfehle ich dir nach einem Template zu suchen, welches du optisch sofort in dein Herz schließt und es direkt eine Vielzahl der gewünschten Funktionen mit sich bringt.

Gerade im Bereich der Rezensionen, Produktvergleiche oder Bewertungsportalen gibt es eine Vielzahl an nützlichen Templates. Nicht jedes ist kostenlos, aber mit Preisen weit unter 100 € bezahlbar.

„Ein motivierendes erstes Ziel für dein Projekt ist, dass du die Kosten für das Template wieder reinholen willst."

4.6 Schritt 6: Rechtliches

Mach deine Website sofort rechtssicher. Erstelle zwei Seiten bei WordPress und fülle eine Seite mit dem Impressum und eine Seite mit der Datenschutzerklärung. Für diese Inhalte gibt es sehr gute Generatoren im Internet. Diese Seiten müssen von jeder Webseite deines Projektes erreichbar sein. Erstell dazu ein Menü mit dem Namen „Rechtliches" und lasse dies in einem der Footer-Bereiche anzeigen. Geh dazu unter dem Punkt *Design* in die *Widgets*. Wähle dort das Widget *Individuelles Menü*, ziehe dies in den Footer-Bereich und wähle dort das Menü „Rechtliches" aus. Dieser erste Schritt ist wichtig, damit du dich ab jetzt um dein Thema kümmern kannst.

Mit der DSGVO sind leider einige Updates für dieses eigentlich kurze Kapitel notwendig. Wenn du ein Kontaktformular auf deiner Seite einbaust, welches eigentlich immer empfehlenswert ist, dann brauchst du einen zusätzlichen Kasten, in dem der Absender bestätigt, dass er dir eine Nachricht schickt. Eine Benachrichtigung über den Einsatz von Cookies muss am besten als Popup-Fenster beim Öffnen der Website erscheinen.

Dieses Buch enthält keine Rechtsberatung. Gerne helfen meine Mitarbeiter:innen und ich dir mit dem Code „DSGVO-Beratung" am Telefon weiter. Ruf mich einfach in der Agentur an, sag die geheime Formel und ich verbinde dich mit unserem DSGVO-Experten.

 0201 4586 2820

4.7 Schritt 7: Jetzt bist du online

Sobald du das Thema „Rechtliches" erfolgreich abgeschlossen hast, solltest du deine Website online stellen. Google steht auf Websites, an denen gearbeitet wird. Je schneller ein Artikel von dir ein Ranking erzielt, desto eher hast du die ersten Anhaltspunkte, ob du auf einem guten Weg bist. Arbeite grundsätzlich live auf deiner Website, um schnell in die Ergebnisse der Suchmaschine einzusteigen. Es muss nicht sofort perfekt sein, aber es wäre fatal, wenn du die Website erst nach der Fertigstellung online schaltest, weil dies deine Indexierung bei Google nur unnötig verschiebt.

Am Anfang wird sich kein:e Leser:in auf deine nagelneue Website verirren und selbst wenn, dann wird er mit Sicherheit wiederkommen. Wenn du die Website sofort öffentlich machst, dann kannst du dir Feedback aus deinem Bekanntenkreis holen und dieses sofort abarbeiten. Aktiviere nicht den Wartungsmodus, sondern sieh zu, dass du deine Startseite am Anfang aufbaust. Dort kannst du gerne darauf hinweisen, dass die Seite im Aufbau ist, aber überspring bitte den Wartungsmodus mit einer vorgeschalteten Webseite.

Wenn du jedoch den Wartungsmodus nutzen solltest, dann besorg dir Daten der potenziellen Interessenten, um diese nach der Fertigstellung deiner Website zu kontaktieren. Fordere sie auf, dir im Social Media zu folgen oder richte ein Feld für die E-Mail-Adresse ein, damit du ihm später einen Newsletter schicken kannst. Suche dazu nach dem Plugin *WP Maintenance* und richte dir eine schöne Seite für den Wartungsmodus ein.

4.8 Schritt 8: Schreibe Artikel und erstelle Content

Ohne Inhalte wird dir kein Template gefallen. Am Anfang solltest du deine Startseite mit den aktuellen Artikeln bestücken. Darum solltest du zeitnah deine ersten Beiträge schreiben, damit deine Website eine Struktur bekommt. Eigentlich hätte ich diesen Punkt ganz nach vorne stellen sollen, aber wenn ich jede:n Anfänger:in erst zwinge lange Texte zu schreiben, dann beginnt niemand.

Ich hatte einmal zwei Brüder in meinem Kurs, die unbedingt ein Projekt im Internet starten wollten. Ich sagte den beiden, dass ich ihnen kostenlos beim Aufbau helfen würde, wenn sie mir acht brauchbare Texte mit jeweils einem Bild liefern würden. Ich habe nie mehr etwas von ihnen gehört und auch im Internet haben die beiden leider nichts auf die Beine gestellt. Ihr hattet echt Potential und wenn ihr das lesen solltet, dann fühlt euch mit dem mahnenden Zeigefinger angesprochen.

Genau das erlebe ich immer wieder. Idee ist vorhanden. Struktur ist im Kopf komplett. Domain ist gesichert. Template ausgesucht. Dann startet der Part mit der Arbeit und das Projekt stirbt.

„Wenn das Schreiben anklopft, dann sterben die Projekte."

Ich empfehle dir für den Start eine Reihe von Ideen, die dir den Start vereinfachen sollten. Die ersten Blog-Artikel sind wichtig, denn mit dem richtigen ersten Eindruck kannst du deine ersten Leser:innen gewinnen. Diese Gewinne bestehen nicht nur aus Rankings und Website-Besucher:innen, sondern auch aus Motivation und Glauben.

Ideen für die ersten Blog-Artikel

Die Artikel-Serie

Um einen schnellen Einstieg in das Thema zu bekommen, empfehle ich eine Artikel-Serie. Diese kann zum Beispiel „Die 10 wichtigsten Dinge über mein Thema" lauten.

Jedes *Ding* wird ein eigener Artikel und es gibt einen Artikel zum Anfang, der eine Liste mit allen *Dingen* enthält. Alle Artikel sollten mit internen Verlinkungen versehen werden, um Google zu zeigen, dass alle Artikel miteinander verknüpft sind und aufeinander aufbauen. Mit diesem Content wirst du die ersten Ergebnisse bekommen und auch die ersten Leser:innen gewinnen. Diese ersten Ergebnisse können analysiert werden. Über die Analysen mit Google Analytics kommen wir später, aber jetzt gilt es erstmal, dein Projekt mit Leben zu füllen.

Unter jedem Artikel kannst du auf die anderen „Dinge" verweisen, um die Besucher:innen lange auf deiner Website zu halten. Die Verweildauer ist ein wichtiger Rankingfaktor und je mehr Beiträge sich ein:e Nutzer:in komplett durchliest, desto besser.

Es geht nichts ohne die W-Fragen

Auch bei einem Projekt im Internet kommst du nicht um die bekannten W-Fragen herum. Recherchiere wichtige W-Fragen zu deinem Thema und beantworte diese Fragen mit einem Blog-Artikel. Gib diesen Artikeln die Kategorie „Wichtige Fragen" oder auch „FAQ". Internet-Nutzer geben bei Google sehr oft ganze Fragen ein. Der Trend geht deutlich dahin, denn auch Alexa und Siri werden von uns mit Fragen bombardiert und dies zeigt uns das Suchverhalten der Menschen bei Google auf.

Deine Website sollte so viele Antworten und Problemlösungen enthalten wie möglich. Hier kannst du dich ebenfalls auf dein Wissen über das Thema verlassen. Im ersten Schritt solltest du keine Recherche nach den W-Fragen betreiben, sondern in dich selbst hineinhören.

Die berühmte *Über mich*-Seite

Stell dir mal das vor: Ein:e Leser:in liest einen spannenden Artikel von dir und du schaffst es, dass die Leserin oder der Leser sich für ein von dir beworbenes Produkt interessiert. Jetzt will diese:r noch wissen, wer ihm eigentlich dieses Produkt empfiehlt. Er findet jedoch keine Informationen über die Autorin oder den Autor, außer deine Kontaktdaten aus dem Impressum. Damit lässt sich nur schwer Vertrauen aufbauen. Daher bau dir eine aussagekräftige „Über mich"-Seite auf, damit du deinen Expertenstatus transportieren kannst. Zeig dich mit den beworbenen Produkten auf Bildern und in Videos. Wenn dir dieses Produkt einen Mehrwert ermöglicht hat oder deine Probleme lösen konnte, dann wird es den
Leser:innen auch helfen.

„Je enger du deine Person mit den Produkten auf deiner Website verknüpfst, desto schneller baust du Vertrauen zu deiner Leserschaft auf."

Blog-Bereich

Egal wie irgendwann deine Startseite aussehen wird, am Ende wird dein Projekt eine Rubrik „Blog" haben, die oft auch „News", „Aktuelles" oder ähnlich benannt wird. Dies bedeutet, dass du mit den ersten Artikeln auf der Website eine Grundstruktur aufbauen wirst, um dich mit dem Design und der Anordnung der Inhalte beschäftigen zu können. Dieser Blog wird dir auch die kreative Freiheit geben, um ab und zu über den berühmten Tellerrand zu schauen.

Stell dir vor du verkaufst Accessoires für Reisende, wie zum Beispiel Rucksäcke, Zelte, oder Schlafsäcke. Dann wäre ein Artikel über eine Reise-Messe schon interessant für deine Zielgruppe, aber nicht zielführend für den Verkauf. Gleichzeitig zeigt es deinen Leser:innen, dass du dich für diese Branche interessierst und dich mit diesen Besuchen auf der Messe auf dem Laufenden hältst. Eine Kategorie „Veranstaltungen" lohnt sich entweder gar nicht und wird dein Menü nur unnötig aufblähen oder die Kategorie wird erst nach dem zehnten Messebesuch interessant. Doch in deinem Blog-Bereich bekommt dieser Artikel ein sinnvolles Zuhause und mit Hilfe von Social Media kannst du neue Leser:innen auf deine Website ziehen.

Er hilft dir auch bei der Verknüpfung mit anderen Blogger:innen, denn dort kannst du Blogger:innen aus deiner Branche vorstellen oder an themenrelevante Blogparaden teilnehmen. Hier kannst du mit Inhalten experimentieren, ohne die Struktur auszuweiten und den Verkaufsweg auf deiner Website zu verlängern.

Unter jedem Artikel kannst du relevante Produkte anbieten und mit Hilfe einer rechten Spalte am Rand des Artikels (Sidebar) auf die anderen Inhalte deiner Seite verweisen. In dieser Spalte solltest du ein Kontaktformular einbauen, damit Leser mit dir kommunizieren können. Außerdem sollte auf unter den Artikeln die Kommentarfunktion aktiviert werden. Auf dem Blog findet die Kommunikation mit Lesern statt, denn hier musst du dessen Konzentration nicht auf den Verkauf der Produkte lenken, sondern kannst ihn für den Aufbau einer festen Leserschaft nutzen.

Erste Ideen im Kopf? Schreibe sie hier auf:

4.9 Schritt 9: Struktur der Website

Wenn du deine ersten 8-10 Artikel und die benötigten Seiten fertig hast, dann kannst du die Struktur deiner Website aufbauen. Dies bedeutet, dass du die Artikel in Kategorien einteilst und diese auf den entsprechenden Seiten anzeigen lässt. Dazu kommt der Aufbau der Startseite. Diese wird sich je nach Thema und natürlich nach den Zielen sehr stark unterscheiden.

Ganz wichtig zu dem Thema *Startseite*:

Wenn du deine Website optimierst, dann wird dies dazu führen, dass die Startseite nicht immer die Einstiegsseite deiner Leser:innen sein wird. Dies bedeutet, dass du jede Unterseite optimieren solltest und mit Hilfe deines Analyse-Tools immer die häufigsten Einstiegsseiten und Ausstiegsseiten im Auge haben solltest. Wenn ich diesen Abschnitt nicht vergesse, dann findest du später im Kapitel über „Google Analytics" weitere Informationen dazu.

Eine Startseite muss immer verschiedene Lese-Impulse bei den Leser:innen auslösen. Zeig ihm nicht nur ein Thema auf der Startseite, sondern präsentiere einen zielführenden Überblick. Es wäre fatal, wenn ein Leser auf deine Website kommt, nur ein Thema sieht und die Seite sofort wieder verlässt. Dies aber nur, weil er deine anderen Themen nicht sehen konnte.

Auf deiner Startseite sollten folgende Punkte nicht fehlen:

1. Antworten

Ganz wichtig sind auch hier wieder die Antworten und Problemlösungen. Wenn ein:e Leser:in im Internet nach einer Antwort oder einer Lösung sucht und auf deinem Projekt landet, dann möchte er sofort Hilfe. Darum setz verschiedene Anreize ein, die dem Leser sofort das Gefühl von Hilfe vermitteln. Gib deinen Besucher:innen sofort die

Hilfe, die sie suchen, denn sonst verlassen sie schnell wieder dein Projekt und suchen sich die Hilfe woanders. Mit Hilfe von „Hier findest du die Lösung für XY", „Mit meinen Tipps löst du folgende Probleme" und „Hier ist die Antwort für XY" ziehst du die Leser:innen in deinen Bann und er wird höchstwahrscheinlich eine Unterseite besuchen. In erster Linie willst du auf keinem Fall etwas verkaufen, sondern auf eine ganz uneigennützige Art und Weise nur kostenlos helfen. Das ist wichtig.

2. Produkte

Natürlich willst und sollst du auch verkaufen. Setz die Produkte ebenfalls auf die Startseite. Zeig zum Beispiel deine Bestseller oder die Produkte mit den besten Bewertungen auf der Startseite. Aber der Fokus muss auf Hilfe und Mehrwert gerichtet sein.

> *„Je besser deine ersten Antworten und Problemlösungen sind, desto wahrscheinlicher ist ein direkter Verkauf über die Startseite."*

3. Deine letzten Blog-Artikel

Um deinem Website-Besucher:innen einen gepflegten und aktuellen Blog zu präsentieren, sollten diese ebenfalls auf der Startseite erscheinen. Ich werde dir erklären, warum du regelmäßig neue Artikel und Informationen veröffentlichen musst, so dass das Datum deines letzten Artikels nicht zu weit in der Vergangenheit liegen wird. Du kannst da immer mal wieder schummeln, denn zeitlose Artikel können jederzeit mit einem neuen Datum versehen werden. *Würde ich natürlich nie machen.* 😉

Oft helfen diese Übersichten einem Unternehmen oder einer Marke dabei, dass hier die Vielseitigkeit demonstriert wird. Wenn du dich für ein soziales Projekt engagierst oder auf eines hinweist, dann baut dies ebenfalls ein gutes Bild und damit Vertrauen auf. Immer wenn jemand eine Spende öffentlich macht, dann erhoffen sich die Spender:innen dadurch einen Effekt.

Darum ist ein Firmen-Blog ein Ort für das soziale Engagement und es zeigt den potenziellen Kund:innen auch, dass hinter der Firma echte Menschen stehen. Auf unserer Website arbeiten wir viel mit den Bildern unserer Mitarbeiter:innen und bekommen dafür regelmäßig Lob. Die Interessent:innen rufen an und verlangen gezielt den Mitarbeiter oder die Mitarbeiterin, die für das jeweilige Anliegen die zuständigen Expert:innen sind. Dies spart Zeit und hilft den Anrufer:innen schnell die gewünschten Informationen zu bekommen.

4. Ein Bild von dir

Dies ist keine Pflicht, denn nicht jeder möchte seine Person für sein Internet-Projekt in den Vordergrund stellen. Doch die Gründe für solch ein Bild hast du bereits gelesen. Sei sympathisch und vertrauensvoll auf diesem Bild und zeig dich dort als Teil deiner Zielgruppe, der du etwas verkaufen willst. Empfehlungen von sichtbaren und echten Menschen nehmen wir lieber entgegen als die anonymen Empfehlungen im Internet. Ein Bild kann viel bewegen.

Ich erzähle immer wieder gerne die Geschichte, dass eine Kundin von mir nach Ladenschluss von einer Dame auf der Straße angesprochen wurde. Diese Dame hatte sich leicht verspätet und bat meine Kundin den Laden wieder für ein paar Minuten zu öffnen. Durch das Bild auf der Website erkannte die Dame meine Kundin und kaufte erfreut gleich mehrere Produkte. Dies ist mit dem Bild auf einem Blog zwar nicht vollständig vergleichbar, doch durch ein Bild kannst du die Präsenz deiner Person auf mehreren Kanälen unterstreichen, weil das Stilmittel der „Wiedererkennung" von großer Bedeutung ist.

Wenn ihr nämlich später auf verschiedenen Kanälen im Internet unterwegs seid, dann solltet ihr wiederkehrende Bilder, Logos, Formen und weitere Elemente nutzen. Ich nutze seit Jahren auf allen Kanälen das gleiche Bild und die gleichen Farben.

Wenn du das Buch in dem Händen halten wirst, dann erkennst du hoffentlich mein neues Logo, welches bei der Weiterentwicklung meiner Marke „Online Marketing mit Burkhard Asmuth" helfen wird. Update zu dem vorherigen Satz: Die Idee mit dem Logo habe ich (wahrscheinlich) wieder verworfen.

5. Kontaktmöglichkeiten

Auch der Einbau von Kontaktmöglichkeiten ist nicht bei jedem Thema zwingend notwendig, aber vielleicht braucht dein Leser noch weitere Informationen. Aus den Kontaktaufnahmen deiner Website-Besucher:innen kannst du viele wichtige Schlüsse ziehen, um deine Website weiter zu optimieren. Sobald du eine Frage über das Kontaktformular bekommst, solltest du die Frage und die dazugehörige Antwort in einen deiner nächsten Blog-Artikel aufgreifen. Optimal wäre es natürlich, wenn du die Frage sofort auf deiner Website beantwortest. Danach schicke den Fragesteller:innen den Link zu dem Artikel mit deiner Antwort. So ziehst du diese Leser:innen wieder auf deine Website und hoffentlich kaufen sie daraufhin dein Produkt bei diesem zweiten Besuch.

Viele Agenturen schreiben mich über das Kontaktformular meiner Blogs an. Jedoch ist eine E-Mail-Adresse wichtiger, denn gerade im B2B-Bereich wird diese dankbar angeklickt, weil sich dann der Mail-Client öffnet und darin die Signatur gespeichert ist. Da ihr Geld verdienen wollt, ist die Zusammenarbeit mit Unternehmen eines der Ziele. An sich gilt bei dem Einbau von Kontaktmöglichkeiten aber, dass sich die Website-Besucher:innen den Weg der Kontaktaufnahme aussuchen können.

Der eine ruft lieber an, die andere möchte eine E-Mail schicken und einige schicken dir vielleicht am liebsten eine Sprachnachricht über WhatsApp. Damit will ich dir sagen, dass du deine Zielgruppe auch in diese Richtung mit der Zeit analysieren musst.

4.10 Schritt 10: Social Media-Kanäle einrichten

Wir werden später das Thema „Social Media" in aller Gründlichkeit durchleuchten, doch zum jetzigen Zeitpunkt solltest du die Klassiker, wie Facebook, Instagram und Twitter schon mal einrichten und auf der Startseite einbauen. Social Media ist wichtig, um die Zusammenarbeit mit Multiplikatoren zu optimieren und dir eine Community aufzubauen.

Poste deine ersten Artikel und Inhalte auf allen Kanälen, damit diese von Anfang an mit Leben gefüllt sind. Du kannst auch schon Freund:innen und Familie einladen, dass diese die jeweiligen Kanäle liken oder dir folgen.

Später werde ich dich auffordern, über weitere Social Media-Kanäle nachzudenken, denn auch YouTube, Pinterest, TikTok, Xing, LinkedIn und andere Kanäle können für dich Verkäufe erzielen. Dabei kommt es immer auf deine Zielgruppe und dein Thema an. In meinem ersten Entwurf dieses Kapitels standen hier Snapchat, Google+ und Vine drin. Damals war Snapchat für eine kurze Zeit der neue heiße Scheiß, aber wurde quasi über Nacht erst von Instagram kopiert und dann in die Bedeutungslosigkeit katapultiert.

Snapchat war ein großer Hype und vermutlich mein erster Kanal, dessen Aufbau ich komplett verfolgt habe. Jeden Tag haben die Medien neue Artikel über den Kanal geschrieben. Pfiffige Geschäftsleute haben schnell die ersten Experten-Website erstellt und Ratgeber-Bücher auf den Markt gebracht. Andere haben sich auf Bühnen gestellt und große Reden über Snapchat gehalten.

*„Damals saßen so viele Blender,
Idioten und Betrüger im
Snapchat-Hype-Train."*

Plötzlich schrieb niemand mehr über Snapchat und der Zug erreichte seine Endstation. Von einem der ehemaligen Snapchat-"Experten" bekam ich dann einen Newsletter mit dem Titel „So baust du deine Marke auf Instagram aus". Er bezeichnete sich dann als Instagram-Experte und ich meldete mich von seinem Newsletter ab. Dieses Verhalten wiederholt sich bei jedem neuen Trend oder Hype. Dies kann auch eine erfolgreiche Strategie sein, um als einer der ersten eine neue Nische besetzen zu können. Daher halte stets die Augen auf und versuche die Trends und Hypes vor allen anderen zu entdecken. Natürlich ist der einfachste Weg bei der Suche nach einer Nische die Entdeckung eines neuen Produktes.

Ganz oben in diesem Kapitel zähle ich Twitter zu den drei wichtigsten Social-Media-Kanälen neben Facebook und Instagram auf. Seit November 2020 besitzt Twitter nun unter dem Namen „Fleets" die Story-Funktion, die Instagram so dermaßen an die Spitze der Social-Media-Relevanz katapultiert hat. Wenn ich den ganzen Hass, die Häme, den Spott und die unsinnigen Diskussionen über Belanglosigkeiten bei Twitter ausblende, dann bleibt es auch weiterhin mein Lieblingskanal. Twitter wird immer zu sehr instrumentalisiert und eine laute Minderheit schafft es regelmäßig mit ihren Tweets in die Nachrichten der TV-Sender. Jedoch ist es auch eine Plattform, die für die Nachrichtenbeschaffung und den Austausch von Meinungen empfehlenswert ist. Facebook, Instagram und Twitter habe ich auch aufgezählt, weil die Kanäle mit Texten und Bildern funktionieren. Wenn du kannst, dann bespiele auf alle Fälle auch YouTube und Twitch, aber dafür musst du eben Videos produzieren. Die zu erwartende Reichweite rechtfertigt aber den Aufwand der Content-Erstellung.

WOCHENAUFGABEN FÜR IHREN BLOG

DIE CHECKLISTE FÜR AUFSTREBENDE BLOGGER:INNEN

☐ **FINDE EINEN TURNUS FÜR DIE VERÖFFENTLICHUNGEN**
- Es gibt keine Regel für Häufigkeit, aber versuche eine Regelmäßigkeit zu definieren
- Schreibe überlegte und passende Artikel für deine Zielgruppe
- Lese die Artikel mehrfach durch und überprüfe diese auf Fehler
- Nimm dir Zeit für SEO-Optimierungen
- Nutze immer ein Artikelbild
- Versuche auf vorherige Artikel aufzubauen & setze interne Links
- Verlinke andere Websites innerhalb deiner Blog-Artikel

☐ **BEFÜLLE DIE IDEENLISTE FÜR DEN NÄCHSTEN ARTIKEL**
- Finde interessante Themen für deine Zielgruppe
- Setze dir Ziele für deinen nächsten Blog-Artikel
- Suche nach passenden Quellen
- Skizziere den Blog-Artikel vorab
- Entwickle ein Fazit oder den Mehrwert für deine Leser:innen

☐ **AKTUALISIERE VORHANDENE BLOG-ARTIKEL**
- Überprüfe ausgehende Links (vermeide 404-Links)
- Aktualisiere bestehende Blog-Beiträge
- Setze neue interne Links zwischen älteren und neuen Artikeln
- Du kannst nicht mehr geltende Blog-Artikel löschen

☐ **MODERIERE NEUE KOMMENTARE**
- Überprüfe Kommentare auf SPAM
- Beantworte jeden Kommentar
- Besuche die Websites hinter den Kommentaren
- Vernetze dich mit den Kommentierenden

☐ **VERNETZUNG**
- Social Media-Kanäle mit Hilfe weiterer Checklisten
- Lese und kommentiere andere Blogs mit ähnlichen oder passenden Zielgruppen
- Biete Gastbeiträge von dir in anderen Blogs an
- Hole dir Interview-Partner:innen mit Reichweite

Eine kurze Pause | Erster Motivationsblock

B is hier hin hast du schon viel geschafft, denn du bist mit deinem eigenen Projekt online und jetzt können wir dies optimieren. Noch wirst du kein Geld verdient haben, aber für die Domain und den Webhoster ein wenig Geld ausgegeben haben. Unser erstes gemeinsames Ziel ist es, dass wir diese jährlichen Kosten so schnell wie möglich wieder reinbekommen. Damit du weiter so fleißig an deinem Traum arbeitest, werde ich dir mit Hilfe von Motivationsblöcken die nötige Lust und hoffentlich auch etwas mehr Antrieb geben.

Ich werde in meinen Schulungen zum Thema „Affiliate-Marketing" immer wieder für meine Begeisterung für dieses Thema gelobt. Darum macht mir dieses Buch auch so viel Spaß, weil ich glaube, dass diese Leidenschaft ansteckend ist. Weil es noch ein wenig bis zu deinem ersten finanziellen Erfolg dauern wird, halte ich diese Passagen voller Motivation für sehr wichtig.

A. Was hast du bis hier hin erreicht?

- Du hast deine eigene Website!
- Du hast dir Gedanken zu deinem Thema oder deiner Nische gemacht.
- Deine Recherchen haben dir gezeigt, dass du es mit diesem Projekt durchziehen willst.
- Eine erfolgreiche WordPress-Installation liegt hinter dir und ich bin mir sicher, dass du mittlerweile mit diesem Content-Management-System umgehen kannst, um Seiten und Beiträge erstellen zu können.

B. One-Person-Show oder doch lieber Team-Player?

Jetzt wo du dein Projekt im Internet hast, muss ich dich ein wenig mit der Realität konfrontieren. Auch im Internet wird einem nichts geschenkt, so dass viel Arbeit hinter dir liegt, aber auch noch auf dich zukommen wird. Darum kannst du dir jetzt die Frage stellen, ob du dieses

Projekt als Solo-Show durchziehen möchtest oder dir eine:n Partner:in mit in dein Boot holst, welches du jetzt in das Wasser gelassen hast. Aber den Hafen hat dein Projekt noch nicht verlassen, so dass eine Crew noch dazu steigen kann.

Dazu erzähle ich dir kurz eine kleine Geschichte über meine ersten zwei Blog-Projekte. Wenn du Hummeln im Hintern hast und jetzt sofort an deinem Projekt weiterarbeiten willst, dann überspring diese Motivationsblöcke einfach und ließ diese in deinen Pausenzeiten.

Mein erstes Blog-Projekt habe ich mit meinem besten Freund gestartet, weil wir beide mit den Möglichkeiten im Internet experimentieren wollten. Wir haben uns mehrfach die Woche getroffen und alles gemeinsam aufgebaut. Dies hat großen Spaß gemacht, denn vier Augen sehen nicht nur mehr, sondern können auch mehr schaffen. Jeder hat seine Vorstellungen umsetzen können, so dass der andere davon lernen konnte. Wir hatten gegenseitig einen Gesprächspartner, mit dem wir uns über den Blog austauschen konnten. Dies hat uns sehr motiviert und dazu geführt, dass wir den Blog sehr schnell wachsen lassen konnten. Wir machten gemeinsam die ersten Fehler, aber feierten auch gemeinsam die ersten Erfolge. Manche können lieber allein arbeiten, andere brauchen ein Team, um dran zu bleiben.

Mein zweites Blog-Projekt entstand in der Gründungsphase unserer Online-Marketing-Agentur und dieses habe ich mit zwei guten Freunden gestartet. Wir veröffentlichten einen Sport-Blog und ich versprach beiden Freunden, dass wir in circa einem Jahr auch Geld mit diesem Projekt verdienen könnten, wenn alle mitziehen. Dies soll nicht bedeuten, dass du erst in einem Jahr die ersten finanziellen Erfolge feiern wirst, aber ich habe diese Zeitspanne angesetzt, um keine vorschnellen Träume platzen zu lassen. Nach wenigen Monaten verließ ein Freund unser Projekt und wir machten ohne ihn weiter.

Fast auf den Tag genau, nach einem Jahr, verdienten wir die ersten Euros mit dem Projekt und wurden zu einer großartigen Veranstaltung eingeladen. Dies hat gezeigt, dass die harte Arbeit belohnt wird. Mittlerweile schreibt übrigens auch der andere Freund wieder regelmäßig mit.

Bis heute unterstützt mich mein Vater bei diversen Projekten, weil er frei von SEO-Gedanken und Pflichten des Online-Marketings die natürlichsten und erfolgreichsten Artikel schreibt. Er trifft im Alltag auf ein Problem, löst dieses und berichtet später in einem authentischen Blog-Artikel davon und hilft mir somit Produkte zu verkaufen.

Macht euch später nicht nur Gedanken um Optimierung und die Suchmaschinenoptimierung, sondern zeigt in dem Projekt auch euer wahres Gesicht. Authentizität ist im Internet immer seltener anzutreffen, aber noch immer ein Schlüssel des Erfolgs.

Fragt doch mal gute Freunde, ob diese auch Interesse an eurem Projekt haben. Manchmal ergeben sich auch Partnerschaften und Kooperationen im Laufe der Arbeit, weil ihr Gleichgesinnte über die Community kennenlernen werdet. Überlegt euch aber am Anfang immer ganz genau, mit wem ihr euer Projekt gemeinsam durchziehen wollt. Frag aber nicht mich, denn ich bin ausgelastet und in der Agentur rollen alle mit den Augen, wenn ich wieder ein neues Projekt starten möchte. Wenn deine Idee aber richtig gut ist, dann schreib mich gerne an und wir schauen gemeinsam, ob wir daraus etwas Spannendes entwickeln können.

„Verlass dich bei Herzensprojekten nie zu sehr auf andere und gib nicht zu viel Kontrolle ab.“

C. Wie geht es jetzt weiter?

Im nächsten richtigen Kapitel wird es um die Suchmaschinenoptimierung gehen. Die ersten Artikel sind geschrieben, du weißt nun wie deine Website aussehen soll, aber jetzt musst du die Inhalte noch für Google optimieren. Die Suchmaschinenoptimierung (SEO) gehört zu den wichtigsten Schritten, um im Internet erfolgreich zu sein.

Kapitel 5: Die Suchmaschinenoptimierung (SEO)

W ie oben angekündigt folgt nun der wirklich wichtige Schritt, denn selbst die erfolgreichsten Projekte, die ihren Traffic über Social Media-Kanäle beziehen, könnten noch erfolgreicher sein, wenn sie auch Suchmaschinenoptimierung machen würden.

Dies bedeutet, dass ein YouTube-Star noch mehr Produkte verkaufen könnte, wenn er neben dem YouTube-Kanal auch eine optimierte Website hätte, auf der es alle seine Inhalte auch in Form von Texten geben würde. Die Welt der Influencer im Social Media funktioniert zwar heute oft allein über die Kanäle, Rabatt-Codes und Affiliate-Links, aber ein eigenes Zuhause für alle eigenen Inhalte ist nie eine schlechte Idee. 2018 wurde in der EU über die EU-Urheberrechtsreform diskutiert. Viele gerieten damals in Panik, da sie den Verlust ihrer Inhalte auf YouTube befürchteten. Dabei handelte es sich um einen großen Fake. Doch es zeigt auch, dass Content-Producer ihre Inhalte nicht exklusiv auf Facebook, Instagram oder YouTube speichern sollten. Speichert euer Material auf einer eigenen Website, mit regelmäßigen Updates, in einer vertrauensvollen Cloud, auf dem eigenen Server oder meinetwegen auf einer externen Festplatte ab.

Ich selbst habe meine Daten auf mindestens vier Geräten parallel synchronisiert, damit ich nie der Opfer eines kompletten Datenverlustes werden kann. Selbst wenn also euer Business über einen Instagram-Kanal funktioniert, speichert eure Bilder auf einer anderen Plattform ab, dessen Regeln ihr selbst bestimmen könnt. Es kann immer hypothetisch passieren, dass zum Beispiel Instagram morgen schließt, gehackt wird oder euer Kanal gelöscht wird. Dann steht ihr ohne Business und Einnahmen da. Mit einer eigenen Speicher-Methode könnt ihr eure Inhalte auf eine andere Plattform transferieren.

Für dich bedeutet es aber nach dem Konsum meines Buchs, dass du von Beginn an alles richtig und gründlich machen wirst, damit du nicht ein altes und bestehendes Projekt nacharbeiten musst. Falls du doch schon ein Projekt hast, dann kommt vielleicht jede Menge an Arbeit auf dich zu, aber diese wird deine alten Artikel und Beiträge bei Google reaktivieren und in der Suchmaschine einige Plätze nach oben katapultieren.

5.1 Was ist Suchmaschinenoptimierung?

Was ist eigentlich die oft erwähnte und missverstandene Suchmaschinenoptimierung? Wenn wir Inhalte im Internet optimieren, dann bedeutet dies, dass wir uns an die Spielregeln von Google halten, um von der Suchmaschine indexiert zu werden, damit wir schnell weit oben in den Suchergebnissen auftauchen. Insgesamt sprechen wir hier von über 250 Rankingfaktoren, die über Sieg und Misserfolg deines Projektes entscheiden.

Jedoch eines vorweg:

Viele der Rankingfaktoren beschäftigen sich mit der Natürlichkeit von Texten im Internet, denn Google möchte dem Suchenden das optimale Nutzererlebnis bieten, um die eigene Qualität der Internetsuchen zu gewährleisten. Es geht darum, dass Google die Suchenden mit allen Mitteln glücklich machen muss, damit diese weiter die Suchmaschine nutzen. Die Werbeeinnahmen über die bezahlten Anzeigen in den Suchergebnissen mit Hilfe von Google Ads gehören zu den wichtigsten Einnahmen des Unternehmens hinter der kostenlosen Suchmaschine.

Die Suchmaschinenoptimierung (SEO) besteht aus zwei Teilen.

5.2 OnPage-Optimierung

Die OnPage-Optimierung bezeichnet alle Maßnahmen, die du auf deiner Seite umsetzen kannst, um bei Google besser gefunden zu werden.** Ein paar Rankingfaktoren für den Einstieg werde ich dir nun aufzeigen. Ganz wichtig zu wissen ist, dass die Natürlichkeit eine große Rolle für Google spielt. Darum solltest du dein eigenes Projekt auch immer aus den Augen der Leser:innen analysieren. Zeig dein Projekt auch Freunden und Bekannten, die mit deinem Thema nicht viel anfangen können. Jedoch sind Menschen mit Interesse an deinem Projekt ebenfalls wichtig, denn diese Zielgruppe soll am Ende lange auf deiner Seite verweilen und im besten Fall eine Conversion generieren. Unter Conversion werden Verkäufe, Anmeldungen, Downloads, Views und andere Ziele bezeichnet.

Bevor du nun weiterliest, solltest du folgendes WordPress-Plugin installieren, falls du dich für WordPress entschieden hast. Wenn nicht, dann schau in den SEO-Einstellungen deines Systems nach, wo du die Meta-Angaben für jede Seite oder jeden Beitrag definieren kannst.

Das Plugin findest du unter dem Namen *Rank Math SEO*.

Wenn du dies installiert hast und auf *Seite bearbeiten* oder *Beitrag bearbeiten* klickst, dann findest du unter dem Inhalt einen neuen Kasten mit dem Namen *Rank Math SEO*. Dort fügst du deine Meta-Daten in den Code-Schnipsel-Editor ein. Die Antwort auf *Was sind Meta-Daten?* bekommst du im folgenden Kapitel.

Meta-Daten

Der wichtigste Faktor zu Beginn. Unter Meta-Daten meine ich die Zeilen, die du bei einer Google-Suche findest. Ganz ohne Bilder komme ich wohl nicht aus, denn dies ist ansonsten schwer zu erklären:

contunda.de ▼

▷ Geduld, Schweiß und wunde Finger | von Burkhard Asmuth

Burkhard Asmuth hat endlich sein Buch rausgebracht! Schon neugierig? Hier könnt ihr reinlesen!

Hier siehst du ein typisches Suchergebnis bei Google. Diese Suchergebnisse auf den Seiten von Google (SERP = Search Engine Result Pages) entscheiden oft, ob ein Leser sich für den Besuch auf deiner Website entscheidet oder doch für einen Mitbewerber.

Hierbei spielt also nicht nur deine Position in den Suchergebnissen eine große Rolle, sondern deine Formulierungen und auch eingesetzte Stilmittel, wie zum Beispiel Emojis, Icons und natürlich eine überzeugende Ansprache des potenziellen Website-Besucher.

Die Schlagzeile *Geduld, Schweiß und wunde Finger | von Burkhard Asmuth* ist der **Meta-Titel** (Meta-Title). Der Meta-Titel hat die größte Wirkung bei den Meta-Daten und muss daher die Suchenden überzeugen, damit diese auf dein Suchergebnis klicken.

Ähnlich wie mein Buchtitel ist er in meinem Beispiel sehr plakativ und provozierend gewählt. Er soll neugierig machen, so dass der nächste Abschnitt, die **Meta-Beschreibung** (Meta-Description) gelesen wird und den Suchenden von einem Besuch auf meiner Website überzeugt.

Zwischen Meta-Titel und Meta-Beschreibung befindet sich die **URL**. Auch diese könnt ihr so gestalten, dass sie sich auf das Thema bezieht. Dort können ebenfalls Stilmittel verwendet werden, um den Suchenden für einen Klick auf eure Website zu überzeugen.

„Wusstet ihr, dass ihr Emojis als Teil eurer URL verwenden könnt? Kein Witz, das geht wirklich!"

Versucht nicht zwingend den Inhalt eurer Seite dort abzubilden, sondern bietet den Suchenden Gründe und Argumente für den Besuch eurer Seite an. In meinem Fall sind es zwei Gründe, die die Suchenden auf meine Seite ziehen sollen:

1. **Mehr Leser:innen für die eigene Website gewinnen**
2. **Geld verdienen mit der eigenen Website**

Ein kleiner Exkurs zu dem Thema „Keywords"

Wenn wir weiterhin davon ausgehen, dass du mit wenig finanziellem Aufwand, mit deinem neuen Projekt auch Geld verdienen möchtest, dann solltest du organische Besucher auf deine Website bekommen.

Ein:e *organische:r Website-Besucher:in* ist, der oder die dich in den Suchergebnissen bei Google nicht unter den Anzeigen findet. Natürlich ist es dort ebenfalls wichtig, dass du zu den relevanten Suchbegriffen (Keywords) gefunden wirst. Doch hier ist Vorsicht geboten! Auch hier spielt die Natürlichkeit eine große Rolle, so dass dich folgender Text über Skateboards nicht bei Google nach oben bringen wird:

„Als ich mit meinem Skateboard zum Skateboard-Park ging, um dort Skateboard zu fahren, sprang ich dort auf mein Skateboard, um einige Skateboard-Tricks auf meinem Skateboard zu machen."

Wenn du in diesem Stil deine Texte schreibst, dann wird das nie etwas mit einer hohen Positionierung bei Google. Natürlich solltest du relevanten Suchbegriffen recherchieren und dort vor allem die Longtail-Keywords beachten. Als **Longtail-Keyword** werden Suchbegriffe bezeichnet, die aus mehr als einem Wort bestehen.

Bleiben wir bei dem Thema *Skateboard*, dann wäre zum Beispiel ein interessantes Keyword *Skateboard fahren lernen, Skateboard fahren, Skateboard wann erfunden, Skateboard fahren in Stadt XY*.

Diese Keywords habe ich mal eben recherchiert, in dem ich das Wort *Skateboard* in die Suchmaske von Google eingegeben habe und die bekannten W-Fragen eingebunden habe.

Die dort vorgeschlagenen Suchen von Google sind genau die Suchanfragen, welche oft im Internet gesucht werden. Dieser Service von Google heißt *Google Suggest.* Dort kannst du viel ausprobieren und dir Themen für die nächsten Beiträge herausschreiben. Auch hierfür gibt es natürlich interessante Tools, wie zum Beispiel AnswerThePublic.

Achtet bei allen Beiträgen darauf, dass sie die Probleme der Suchenden lösen, sich umfassend mit eurer Nische beschäftigen und dass ihr selbst eure eigenen Texte lesen würdet.

„Du musst gleichzeitig deine Texte nach SEO-kriterien optimieren und die Lesbarkeit der Texte beibehalten."

Ich habe oben bereits in der kleinen Skateboard-Geschichte beschrieben, dass die volle Konzentration auf bestimmte Suchbegriffe, ohne die Berücksichtigung von Nutzer:innenfreundlichkeit und Lesbarkeit, einem Web-Projekt auch Schaden kann. Viel wichtiger ist es, dass bestimme Suchbegriffe viel weiter und größer gedacht werden. Dies bedeutet, dass du deine Suchbegriffe am besten in der klassischen Form einer Mindmap spinnst. Jedes Thema hat auch Unterthemen und Nebenthemen. Nur wenn du dich in der ganzen Breite um dein Thema kümmerst, wird es am Ende auch einen positiven Effekt auf deine Webseite haben. Darum bedenke auch immer, dass es deinen Leser:innen auch Spaß machen sollte, deinen Text zu lesen. Eine Aneinanderreihung von Suchbegriffen, die sich ständig wiederholen, lässt einen Text öde klingen.

Am besten machst du dir am Anfang keine großen Gedanken um die Suchmaschinenoptimierung, sondern schreibst einfach deine ersten Texte. Mit jedem Text wirst du sicherer und wirst du deinen eigenen Stil finden. Hol dir Feedback von Freunden und aus der Familie. Dir sollten die Meinungen von allen Seiten wichtig sein, sowohl Meinungen von Leser:innen, die deinem Thema nicht so nahestehen und natürlich auch von den Kenner:innen deines Themas. Die Mischung macht es am Ende aus.

Bilder optimieren

Jeder Artikel sollte mindestens ein Bild beinhalten. Dabei gilt es, dass du dir schnell beibringst, wie du ohne Verluste der Bildqualität die Dateigröße der Bilder optimierst. Am Anfang solltest du dir die Bilder in der Größe abspeichern, in der das Bild am Ende in deinem Blog veröffentlicht wird. Es gibt Programme, die danach noch die Dateigröße verringern können, ohne einen sichtbaren Verlust in der Bildqualität zu verursachen. Warum Bilder optimieren? Unbearbeitete Fotos von deinem Smartphone oder deiner Digitalkamera sind extrem groß und verursachen lange Ladezeiten. Dies ist ein immer wichtiger werdender Rankingfaktor von Google. Jedoch gehört zu der Optimierung von Bildern noch mehr. Benenne deine Bilder sinnvoll und gebe ihnen ein Alt-Attribut, denn so steigerst du deine Chance, dass die Bilder in der Bildersuche von Google ebenfalls gefunden werden können. Dies wird ebenfalls Leser:innen auf dein Projekt ziehen.

Wenn du später deine Artikel im Social Media teilst, dann ist ein Bild sinnvoll, um die Aufmerksamkeit deiner Community zu gewinnen. Viele Templates und Designs bei WordPress leben von den Beitragsbildern, ohne die eine Seite recht trist wirken kann.

Es gibt verschiedene Plattformen, auf denen kannst du kostenlose Bilder findest, die du ohne Kennzeichnung der Fotograf:innen nutzen kannst. Lies dir aber auf jeder Plattform die Nutzungsbedingungen genau durch, um eine Abmahnung zu verhindern. Am sichersten und einfachsten ist die Nutzung eigener Bilder. Diese Bilder kannst du mit deinem Smartphone machen und vielleicht machst du am Anfang ein großes Shooting zu deinem Thema, um für längere Zeit mit Bildern ausgestattet zu sein. Gleichzeitig sorgen deine einzigartigen Fotos dafür, dass diese in der Google-Bildersuche auffallen. Die Google-Bildersuche wird als Traffic-Quelle häufig unterschätzt.

Zwischenverlinkungen

Das Thema der Zwischenverlinkungen innerhalb einer Website ist nicht nur für deine Google-Rankings wichtig, sondern auch für deine Content-Strategie. Um wirklich alle Facetten deines Themas zu beleuchten, wirst du bereits bei der Erstellung deiner ersten Beiträge feststellen, dass du Wörter benutzt, die zu deinem Fach-Jargon gehören oder du Themen im Kontext deines aktuellen Artikels nur anreißt, aber diese kurzen Exkurse auch eigene Artikel bekommen könnten und sogar müssten. Immer wenn dir das auffällt, dann leg dir direkt einen Artikel-

Entwurf an, so dass du dein Thema wie ein Spinnennetz ausbreitest und irgendwann alle Bereiche deines Themas bearbeitet hast. Verlinke diese neuen Artikel in deinen alten Artikeln und sorge dafür, dass sich deine Leser:innen länger auf der Seite aufhalten, weil sie tatsächliche alle Informationen zu deinem Thema bei dir finden und dafür nicht deine Seite verlassen müssen. Die Verweildauer ist ebenfalls ein wichtiger Rankingfaktor, so dass du überlegen solltest, ob du für weitere Informationen auf externe Seiten verlinkst, wie zum Beispiel Wikipedia, oder du diese Informationen auch selbst aufbereiten kannst.

Lexikon, Glossar, FAQ und W-Fragen

Um ein dichtes Spinnennetz an Inhalten zu kreieren, gibt es hier einige Varianten, die jede Webseite bereichern können. Bei unseren ersten Kunden haben wir es immer konsequent durchgezogen, denn was kann es Besseres geben als für jedes Keyword, für das eine Website gefunden werden soll, lange und informative Texte zu schreiben?

Also legten wir ein Lexikon oder ein Glossar an, um jeden Bereich der Produkte oder der Dienstleistungen ausführlich zu beschreiben. Heute gestalten wir es ähnlich, nur in Form von regelmäßig erscheinenden Blog-Artikeln. Auf meiner Seite habe ich mit einem Blog-ABC begonnen, um alle relevanten Begriffe aus der Blogger-Welt zu erklären. Der große Vorteil eines Glossars ist, dass zwischen den Begriffen sinnvoll intern verlinkt werden kann.

Ein FAQ oder auch der Umgang mit den W-Fragen ist ein ebenso wichtiger Hinweis, um organische Besucher:innen auf die Webseite zu ziehen. Beantwortet auf einer Webseite alle Fragen zu eurem Thema und dies schließt auch die Fragen ein, die euch über Telefon oder in Kundengespräche gestellt werden. Menschen suchen bei Google nach Problemlösungen, also haben sie offene Fragen und erwarten Antworten. Darum ist es von großer Bedeutung, dass diese Fragen auch auf einer Webseite oder in einem Blog beantwortet werden sollten. Es gibt im Internet zahlreiche Tools, die euch die passenden W-Fragen zu eurem

Thema ausspucken. Jede Frage könnte zum Beispiel auf einer eigenen Seite in einem Text geklärt werden.

Wenn ihr das konsequent durchzieht und immer wieder neue und unbeantwortete Fragen recherchiert, dann beschäftigt ihr euch wirklich umfassend mit eurem Thema und lasst keine Frage offen.

5.3 OffPage-Optimierung

Eine OffPage-Optimierung bezeichnet alle Maßnahmen, die wir auf externen Websites oder Social Media-Kanälen durchführen, um Traffic auf die eigene Website zu bekommen. Hier gibt es diverse Online- und Offline-Aktivitäten, die dein Projekt größer werden lassen.

Nun kommen wir (endlich) zu der beliebten OffPage-Optimierung, denn in den meisten Fällen, oder besser gesagt Projekten, dominiert hier am Ende die Kreativität. Natürlich spielt auch wieder der Fleiß eine Rolle. Vor Jahren bekamen wir eine Social Media Checkliste in die Hände, welche wir uns in der Agentur als „OffPage-Checkliste" umgeschrieben haben. Solange du nicht so bekloppt bist wie ich und dir im reinen Experimentierwahn über 20 eigene Projekte im Internet aufbaust, ist so eine Checkliste für jeden erfüllbar, egal ob Vollzeitstudent:in oder Vollzeitarbeiter:in.

Eine Webseite wird im Internet nämlich auch sichtbar, wenn du als Seitenbesitzer:in oder Blogger:in im Internet im Namen deiner Seite oder deines Blogs unterwegs bist. Dies bedeutet, dass du dich mit anderen Seitenbetreiber:innen oder Blogger:innen vernetzt, deren Webseiten besuchst, Kommentare hinterlässt und dich mit ihnen austauschst. Um meine eigene Website *www.burkhard-asmuth.de* sichtbarer zu machen, habe ich im Dezember 2015 zum Beispiel meine erste Blogparade mit dem Thema „Blog-ABC" veranstaltet. Meine Sichtbarkeit ist durch die vielen Teilnahmen und die große Aufmerksamkeit der Blogparade extrem gestiegen, aber nach dem Ende der Aktion auch genauso schnell gesunken, weil ich mich nicht mehr um meine Seite gekümmert habe.

Denn ich habe lieber wieder neue Projekte eröffnet, um genug Erfahrungen zu sammeln, um dieses Buch hier zu schreiben. Genug der Selbstbeweihräucherung, jetzt geht es um Maßnahmen der OffPage-Optimierung, die euer Projekt sichtbarer und damit auch profitabler machen werden.

Social Media nutzen

Ich habe mich bewusst für Social Media als ersten Punkt entschieden, weil wir hier klare Unterschiede in der Auswahl der Kanäle machen müssen. Jede Social Media-Plattform spricht verschiedene Zielgruppen an, sodass eine pauschale Empfehlung der effektivsten Social Media-Kanäle eigentlich nicht ausgesprochen werden kann.

Jedoch gibt es mit **Facebook** einen Kanal, der sich fast immer lohnen kann, wenn ihr den Kanal langfristig und strategisch bespielt. Mit den Facebook Ads lassen sich suchmaschinenoptimierte Websites in vielen Bereichen komplett ersetzen. Durch ansprechende Werbeanzeigen werden Kunden auf eine Verkaufsseite geführt und schließen dort einen Kauf ab. Dies bedeutet aber auch, dass ihr Budget braucht für die ersten Kampagnen. Gleichzeitig machst du dich von dem jeweiligen Kanal abhängig und verzichtest komplett auf eine organische Sichtbarkeit im Internet mit Hilfe einer eigenen Website. Ich mache das nur ungerne und sichere alle Inhalte gleich mehrfach auf verschiedenen Wegen. Eine organische Sichtbarkeit erreicht die Kunden, welche das Internet für Recherchen nutzen. Hier werden selten Spontankäufe, wie mit Hilfe von Werbeanzeigen im Social Media, ausgelöst.

Ich habe mir meine aktuellen Winterschuhe im Internet gekauft. Der Auslöser für diesen Kauf war eine Werbeanzeige auf Instagram, welche mich direkt angesprochen hat und mich zu einem Spontankauf veranlasste. Ich bin da sehr anfällig und erwarte darum aktuell noch eine Spider-Cam und ein weiteres Gimbal. Beide Produkte haben mich über Social Media erreicht und wurden spontan gekauft. Genau so funktionieren viele Online-Shops heute und es wird nicht weniger. Influencer empfehlen auf ihren Kanälen im Social Media die Produkte der Unternehmen und diese müssen die Kunden nur noch auf einer verkaufsfähigen Landingpage in Empfang nehmen.

Welcher Social-Media-Kanal passt zu dir?

Auch wenn in den meisten Vorhaben die eigene Website noch immer am sinnvollsten ist, verdienen immer mehr Influencer ihr Geld ausschließlich über Social-Media-Kanäle. Wenn ihr ein derartiges Projekt anstreben solltet, dann viel Spaß mit folgendem Abschnitt. Social Media dient immer der schnellen Verbreitung eurer Inhalte. Mit Hilfe von Relevanz, Hashtags und Timing gelangt ihr so schneller an Leser und Käufer, als über die viele Arbeit der Suchmaschinenoptimierung, dessen Vorteile ich bereits mehrfach aufgezählt habe.

Bevor wir uns mit den einzelnen Social Media-Kanälen beschäftigen, denen ich eine gewisse Relevanz zuschreibe, geht es bei der richtigen Wahl der Kanäle auch um die von dir angestrebten medialen Inhalte. Welche Inhalte planst du? Wenn du die Frage nach dem nächsten Abschnitt beantworten kannst, dann findest du den für dich richtigen Social- Media-Kanal.

Bilder sind die Königsdisziplin im Social Media. Wenn du schöne Bilder machen kannst, dann ist der Erfolg ebenso vorprogrammiert, als wenn du optisch ein Leckerbissen bist. Damit meine ich meine männlichen und weiblichen Leser:innen. Mit Bildern könnt ihr auf allen Kanälen punkten und eine Community aufbauen, aber seid natürlich am besten bei Instagram und Pinterest damit aufgehoben. Nehmt euch Zeit für Bilder und eignet euch gewisse Fähigkeiten an der Kamera, ganz gleich ob Smartphone oder Spiegelreflexkamera, an. Wenn ihr ästhetische und begeisternde Bilder machen könnt, dann ist das wirklich mehr als die halbe Miete.

Instagram hat sich in den letzten Jahren zum König und Königin der Social-Media-Kanäle erhoben, jedoch nicht nur wegen der Bilder und Videos. Seit der Einführung der Instagram-Story geht es noch mehr um interessante Inhalte, welche sich nur mit Authentizität und Kreativität erfolgreich gestalten lassen. Aktuell klopft TikTok im Jahr 2020 bei Instagram an, doch wer am Ende das Rennen um den Thron macht ist noch unklar.

Videos aus dem Internet ersetzen immer mehr das klassische Fernsehprogramm. Wenn ich meine Vorträge vor Eltern halte, dann wird dies immer bestätigt. Jungs und Mädchen schauen sich keine TV-Sendungen mehr an, sondern haben Ihr Programm in Form von Abonnements bei YouTube abgespeichert. Um mit Videos erfolgreich zu werden, solltest du vor der Kamera interessante, informative, lustige oder kreative Geschichten erzählen können, die Menschen begeistern. Erlerne für dieses Ziel den Umgang mit der Kamera, dem Ton, dem Licht, dem Schnitt und natürliche die Fähigkeiten vor der Kamera zu performen.

Um einen erfolgreichen **YouTube-Kanal** zu erstellen gibt es viele Möglichkeiten. Wenn du ein komödiantisches Talent hast, dann kannst du mit dessen Hilfe auch Dienstleistungen und Produkte verkaufen. Mit dem richtigen Drehbuch und einem roten Faden lassen sich auch komplexe Themen bei YouTube verarbeiten.

Testberichte lassen sich wunderbar mit Videos erstellen, denn es zeigt das Produkt in seiner natürlichen Umgebung und im Einsatz. Ein Text kann viel einfacher lügen, doch das Bewegtbild ist wesentlich schwieriger zu manipulieren. Damit meine ich, dass ich ganz einfach über die positiven Dinge eines Produktes eine Geschichte schreiben kann, aber in einem Video muss sich das Produkt wirklich beweisen. Videos sind bei Facebook und Instagram häufig reichweitenstärker als Bilder.

Texte sind für mich das langfristigste Medium im Internet. Ein Blog-Artikel hat jeden Tag die Möglichkeit gefunden zu werden und mit einem Klick einen Verkauf zu generieren. Ich bin nicht der große YouTuber, aber ich habe Texte mit vielen Jahren auf dem Buckel, die bis heute Verkäufe über das Amazon Partnerprogramm auslösen.

Ein guter Text mit einer Empfehlung oder einer Hilfestellung verliert nicht so schnell an Aktualität und Bedeutung. Viele Nischen funktionieren über viele Jahre, denn es gibt so viele wiederkehrende Themen. Um wiederkehrende Themen zu finden müsst ihr nur in den Kalender schauen, denn Feiertage und Gedenktage sind die beste Quelle für ein lukratives Geschäft im Internet.

Diese Nischen sind zwar stark besetzt, aber noch immer quetsche ich mich mit manchen Artikeln erfolgreich dazwischen. Denkt das Thema weiter und schaut auf eure saisonale Routine an, wie zum Beispiel beim Hausputz, der Gartenarbeit, dem Einkaufsverhalten, den Urlauben oder im Umgang mit Hitze und Kälte. Allein aus den Schlagwörtern lassen sich unzählige Themen gestalten, welche doch alle ein eigenes Projekt verdient haben oder nicht?

Wir befinden uns gerade im März des Jahres 2021 und ich surfe aktuell voll auf der **Podcast**-Welle. Seit 79 Folgen betreibe ich gemeinsam mit Matthias unseren eigenen Podcast *So nämlich!*. Wir wissen zwar nicht genau wie viele oder wenige Menschen zuhören, aber es macht uns großen Spaß. Einige Interaktionen im Social Media haben wir bereits auslösen können, aber noch ist es ein ganz privates Projekt von uns. Natürlich habe ich das Ziel *„Geld verdienen im Internet"* hier ebenfalls im Blick. Einen ersten kleinen Rabatt-Code haben wir bereits an unsere Hörer:innen verteilt und sind stets bemüht neue Werbepartner:innen zu generieren.

Ein Podcast kann auch die Geldquelle im Internet für euch sein, denn hier werden Werbeplätze verkauft. Meistens gibt es eine Pre-Roll, eine Post-Roll und eine Mid-Roll. Die Pre-Roll wird vor dem eigentlichen Thema oder gar dem Intro vorgetragen. Eine Mid-Roll ist ein Werbeplatz, der mitten in einer Podcast-Folge ausgespielt wird. Die Post-Roll kann der Abbinder einer Folge sein. Aktuell sehen die Werbeblöcke in erfolgreichen Podcasts so aus, dass auf Produkte im Internet hingewiesen wird. Dazu gibt es ein bestimmtes Angebot für die Hörer:innen, welche das Angebot entweder auf einer extra eingerichteten Webseite finden oder es mit Hilfe eines Codes einlösen können. Bei der Vortragsweise von Werbung in einem Podcast kann ich nur die freie Rede empfehlen. Im besten Fall habt ihr eh eine Beziehung zu den vorgestellten Partner:innen, aber wenn nicht, dann solltet ihr diese improvisieren.

Im Fußball-Podcast *Fußball MML* funktioniert das optimal, denn das jeweilige Produkt wird immer mit dem eigentlichen Thema humorvoll verbunden.

Im mittlerweile beendeten Sex-Podcast *Besser als Sex* kam es vor, dass gleiche Werbepartner:innen in mehreren Folgen präsent waren und da wurde die alte Werbung erneut eingespielt. Diese inhaltliche Wiederholung war ätzend und erinnerte stark an Fernsehwerbung. Hier erwarte ich als Werbetreibender von einem guten Podcast, dass die Werbung kreativ an die Hörer:innen gebracht werden. Als Hörer:in kostenloser Podcasts stehen einem allerdings keine Erwartungen und Anforderungen an die Protagonisten zu. Dieses Verhalten finde ich im Internet von vielen Hörer:innen sehr anmaßend. Oft beschweren sich Podcast-Hosts über böse Nachrichten von Hörer:innen, weil die eine Sommerpause oder Winterpause einlegen. Denn ein Podcast ist in der Regel kostenlos empfangbar.

Ihr solltet einige Rahmenbedingungen bei der Erstellung eines Podcasts einhalten, wie zum Beispiel die Dauer von circa 60 Minuten, am besten im Doppel moderieren und die Regelmäßigkeit bei der Veröffentlichung der Folgen einhalten.

Wir veröffentlichen alle 14 Tage an einem Freitag und unsere Statistiken sagen aus, dass wir am Tag der Veröffentlichung immer die meisten Hörer:innen haben. Dies bedeutet, dass wir mit dem Freitag entweder einen dankbaren Tag erwischt haben oder die Hörer:innen auf unsere Folge warten. Ein anderer Grund ist aber auch, dass die eigene Folge bei *iTunes*, *Spotify* und anderen Plattformen in der Kategorie *Neue Folgen* auftaucht und wir so neue Hörer:innen generieren können.

Von mir selbst kenne ich die Warterei aber auch, weil ich gewohnt bin gewisse Podcasts während bestimmten Autofahrten zu hören. Erscheint diese Folge nicht pünktlich, dann suche ich mir neue Podcasts, so dass die bisherigen Favorit:innen einen Platz in meiner Rangliste verlieren könnten.

„Einen Podcast zu produzieren ist verhältnismäßig einfach und mit weniger Aufwand verbunden als jedes andere Medium." >> Dieser Satz stammt aus meiner Feder, aber mit etwas zeitlichem Abstand muss ich diesen dringend korrigieren.

Ich bin nicht für die Produktion verantwortlich, denn das macht dankbarerweise der liebe Matthias für mich. Er hat mir erst vor kurzem eine Liste mit neun Punkten geschickt, die bei der Bearbeitung der Tonspur notwendig sind. Dazu kommt, dass die komplette Aufnahme gehört werden muss. Wenn das Rohmaterial erfolgreich bearbeitet wurde, dann geht die Folge online. Zuvor erstellen wir noch ein Beitragsbild, wir schreiben einen Text zu der Folge und teilen die Folge bei **Facebook**, **Instagram** und **Twitter**. Zuvor haben wir eine **Website** gestaltet, haben unseren Podcast in diversen Portalen angemeldet, ein Logo kreiert, passende Musik recherchiert, uns Themen überlegt und die Zeit für eine Aufnahme gefunden. Ich möchte über den Aufwand nicht jammern, aber von wenig Aufwand kann keine Rede sein.

Die Kunst der erfolgreichen Podcasts ist es aber, dass ihr die Zuhörer:innen bei Laune halten müsst, damit diese sich auf die nächste Folge freuen. Kauft euch ein hochwertiges Mikrofon, schnappt euch eine:n Partner:in für die Moderation und schon kann das Podcast-Projekt beginnen.

Wir stehen Anfang 2021 noch am Anfang des Podcast-Trends und darum lohnt sich die intensive Auseinandersetzung mit diesem Thema. Es gab im Jahr 2019 in Hamburg, Essen und Köln gleich drei Podcast-Festivals und immer mehr Podcasts gehen mittlerweile auf Live-Tour.

Der Trend wird auch in den kommenden Jahren weiter ein fester Bestandteil im Online-Marketing sein und es entstehen neue interessante Werbeplätze.

Ein Corporate Blog für die interne Unternehmenskommunikation wird in immer mehr Unternehmen besprochen und produziert. So können interne Meldungen schnell alle Mitarbeiter:innen erreichen und dies über einen modernen Kommunikationskanal.

Facebook

Facebook ist der am meisten genutzte Social Media-Kanal, sodass du hier immer die größte Möglichkeit hast, um Reichweite, also Website-Besucher:innen, zu generieren. Dafür solltest du dir eine separate Facebook-Seite erstellen, also zusätzlich zu deinem privaten Profil. Noch immer erstellen Menschen sich Profile und versuchen auf alten Wegen zu verkaufen. Freundschaftsanfragen sind eben schneller verschickt als der Aufwand neue Fans zu generieren. Dennoch ist es unseriös und verstößt gegen die Richtlinien von Facebook.

Hier ein gut gemeinter Ratschlag:

Egal wie stolz du auf dein eigenes Internet-Abenteuer bist, poste nicht jeden Artikel auch mit deinem privaten Profil, denn damit wirst du einige Facebook-Kontakte nerven und am Ende verlieren. Als ich damals meinen ersten eigenen Blog mit einer Facebook-Seite hatte, habe ich komplett übertrieben und wir versuchten jeden Facebook-Kontakt aggressiv als Fan zu generieren. Dies brachte uns beiden einen Platz auf vielen Blockier-Listen ein, sowie ein paar weniger Facebook-Kontakte. Das gleiche passierte mir, als ich zum ersten Mal beruflich im Bereich Facebook-Marketing arbeitete und ständig Dinge von meinem Arbeitgeber teilte.

Weil ich es nicht besser wusste oder mir es auch nicht bewusst war, postete ich manchmal 10-15 Beiträge an einem Tag, weil ich eben 8-12 Stunden vor Facebook saß und für das Community Management verantwortlich war. Die Leser:innen, die mich kennen, wissen, dass ich heute längst nicht mehr so viele Postings absetze. Eigentlich sogar recht wenige. Ich tobe mich da eher auf den Seiten meiner Projekte aus und bleibe mit meinem persönlichen Profil eher privat.

Nun erstell dir eine Facebook-Seite!

Um deine Facebook-Seite ansehnlich zu machen, solltest du dir ein schönes Profilbild basteln, sowie ein Titelbild. Da sich Facebook stets ändert und ich weder weiß wann dieses Buch erscheint oder wann du es erst lesen wirst, gebe ich dir den Tipp, im Internet nach den aktuell empfohlenen Bildgrößen für Facebook zu suchen, damit es auch perfekt passt.

Auch wenn du nicht sofort Fans hast, solltest du jetzt sofort deine letzten Beiträge bei Facebook posten, damit diese lebendig aussieht. Es gibt kaum schlimmeres als eine verwahrloste Facebook-Seite. Wenn es sich ergibt und du andere Seiten innerhalb deines Beitrags verlinken kannst, dann mach dies, denn damit informierst du den anderen Seitenbetreiber über deinen Beitrag und kannst sofort mehr Reichweite erzielen. Dafür schreibe im Beitrag ein @ und setze den Benutzernamen desjenigen dahinter, den du verlinken willst. Am besten hinterlässt du ihm als deine Seite ebenfalls ein Like, um das Netzwerk arbeiten zu lassen. Ich schrieb oben, dass du nicht alle Freunde einladen sollst, aber bei einigen wirst du eine positive Reaktion erwarten und darum lade ruhig deine besten Freunde zu der Seite ein. Mach dies mit einer persönlichen Nachricht und richte sie immer genau auf den jeweiligen Freund aus.

Es ist mir ein Rätsel, dass auch noch im Jahr 2020 angebliche *Online-Marketing-Manager:innen* ihre ganzen Kontakte zu Facebook-Seiten einladen, um den Auftraggeber:innen schnelles Wachstum vorzeigen zu können. Dies ist der komplett falsche Weg, denn es geht bei dem Aufbau einer Community nicht um die Quantität, sondern um die Qualität der Fans.

„Eine stumme Community sorgt nicht für Umsatz."

Ein Beispiel:

Du hast einen Comic-Blog eröffnet und die Facebook-Seite erstellst. Du weißt, dass dein Freund Oliver gerne Comics über Batman liest. Du veröffentlichst einen Beitrag über Batman auf deiner Facebook-Seite und schreibst ihm dann ungefähr folgendes über eine private Nachricht im Messenger: „Hey Oliver, ich habe gerade einen Comic-Blog eröffnet und auch schon über Batman geschrieben. Den liest du doch so gerne, oder?

Schau doch mal vorbei und gib mir Feedback? Gerne auch in dem Kommentarfeld auf meiner Seite. /BurkhardAsmuth

Werbeanzeigen schalten

Werbeanzeigen mit Facebook Ads schalten ist für viele aktuell die Königsklasse im Online-Marketing und wahrlich lassen sich hier hervorragende Ergebnisse erzielen. Die Optionen bei der Definition der Zielgruppen eröffnen zahlreiche Möglichkeiten, um mit einer durchdachten Kampagne die richtigen User zu erreichen. Die Preise für eine Impression oder einen Klick sind fair. Facebook sammelt die Daten seiner Nutzer:innen ausschließlich für Werbezwecke und daher ist die Genauigkeit von Facebook Ads keine Überraschung, da hier die Einnahmequelle von Facebook liegt.

WOCHENAUFGABEN FÜR FACEBOOK

DIE FACEBOOK-CHECKLISTE FÜR SEITENBETREIBER:INNEN

☐ **VERÖFFENTLICHE 2 BEITRÄGE MIT EIGENEN INHALTEN**
- Du hast eine genaue Zielgruppe für die Beiträge vor Augen
- Ein Beitrag bezieht sich exakt auf deine Produkte/Dienstleistungen
- Mindestens ein Beitrag enthält einen Link auf deine Verkaufsseite
- Verlinke die passenden Seiten in deinen Beiträgen

☐ **PLATZIERE 5 KOMMENTARE IM NAMEN DEINER SEITE**
- Kommentiere Beiträge mit Inhalten passend zu deinem Projekt
- Steige in Diskussionen anderer Nutzer:innen ein
- Vermeide zu aggressive Werbung in den Kommentaren auf fremden Seiten

☐ **VERÖFFENTLICHE 2 BEITRÄGE MIT FREMDEN INHALTEN**
- Teile Beiträge von fremden Kanälen
- Verknüpfe aktuelle Trends mit deinen Produkten/Dienstleistungen
- Nehme Bezug auf eine Nachricht oder einen Fachartikel
- Poste ein passendes Video von YouTube

☐ **VERTEILE 3 "GEFÄLLT MIR" IM NAMEN DEINER SEITE**
- Nur themenrelevante Seiten mit "Gefällt mir" markieren
- Kooperationspartner:innen auf der eigenen Seite präsentieren

☐ **COMMUNITY MANAGEMENT**
- Moderiere alle Kommentare und Bewertungen
- Lade Nutzer:innen zu deiner Seite ein, die damit interagiert haben
- Beantworte alle Nachrichten auf deiner Seite

☐ **FACEBOOK-GRUPPEN**
- Beteilige dich aktiv in themenrelevanten Gruppen
- Poste im richtigen Moment deine Blog-Artikel in Gruppen

☐ **SONSTIGE FACEBOOK-AKTIVITÄTEN**
- Gehe mit Facebook live und schaffe Mehrwert für deine Fans
- Veröffentliche Veranstaltungen, Angebote und Jobanzeigen, Listen oder ein Q&A
- Schalte Werbeanzeigen
- Erstelle und befülle Bildergalerien und halte diese aktuell

Instagram

Der angesagteste Social Media-Kanal unserer Zeit, auch wenn die Anzahl der Nutzer:innen bei Facebook bis heute noch größer ist. Die organische Monetarisierung auf Instagram ist für kleine Kanäle sehr schwer, denn nur erfolgreiche Nutzer:innen haben mit der Swipe-Funktion die Möglichkeit, dass sie in die Storys auch Links einbauen können, die zum Beispiel zu Online-Shops oder Kooperationspartner:innen führen. Ansonsten gibt es nur den Link im Profil, der bei jeder Kampagne oder Aktion ausgetauscht werden muss, so dass die Follower:innen erst eure Anweisungen unter dem Bild lesen, verstehen und dann befolgen müssen. Ich hoffe für meine Projekte, dass dies mir auch bald mit den Links möglich sein wird, aber für den Kanal würde es harte Zeiten heraufbeschwören, denn er würde von Werbung nur so überflutet werden.

Mit Facebook Ads lassen sich auch die Werbeanzeigen für Instagram erstellen und gerade als Teil der Story sind diese sehr erfolgreich, denn die Nutzer von Instagram verbringen immer mehr Zeit in den Stories und weniger Zeit im Feed. Die Instagram-Stories gab es zu Beginn dieses Buch-Projektes noch nicht, aber dafür ein Kapitel über Snapchat. Dieses Kapitel habe ich gelöscht, denn Instagram kopierte beinahe über Nacht das Alleinstellungsmerkmal von dem angehenden Konkurrenten Snapchat und fegte diesen so vom Markt.

Wenn ihr ein Projekt mit vielen schönen Bildern im Auge habt, dann nutzt folgende schnelle Tipps für den Aufbau eines erfolgreichen Instagram-Kanals:

1. Bilder müssen überragend, informativ, überraschend und/oder unterhaltend sein
2. Hashtags an die Macht, aber übertreibe es nicht
3. Storytelling betreiben
4. Einheitliche Bildsprache für die Wiedererkennung
5. Bei der Bearbeitung ist weniger oft mehr
6. Social Media ist keine Einbahnstraße

Mehr Tipps gibt es dann in einem meiner nächsten Bücher mit dem Titel *So wirst du nie erfolgreich bei Instagram*, denn da kann ich wirklich viel zu schreiben. Schau dir erfolgreiche Instagram-Kanäle an und entscheide dann, welche Stilmittel du für dein Thema übernehmen kannst. Lerne von den Besten und mache es einen Tick besser.

Instagram-Story

Mir persönlich machen die Stories großen Spaß und leider mache ich viel zu wenige. Es gibt mittlerweile so viele Möglichkeiten, um die eigenen Follower:innen auf einem hohen Niveau zu bespaßen. Umfragen, Abstimmungen, Musik, Fragen, Quiz und Live-Stream sind nur ein Teil der Möglichkeiten. Durch diese vielen Interaktionsmöglichkeiten haben sich einige interessante Instagram-Formate entwickelt. Influencer und prominente Persönlichkeiten nehmen ihre Fans mit in den Alltag, zeigen sich ungeschminkt und kommunizieren direkt mit ihnen. Der Austausch zwischen diesen beiden Ebenen ist direkter, enger und zwangloser geworden. Dies kann für den Aufbau einer Persönlichkeit oder einer Marke wichtig sein, denn die Instagram-Story und die damit verknüpften Erwartungen der meisten Nutzer:innen zwingen dich als Benutzer:in zu Kreativität, Authentizität und Erreichbarkeit.

Falls du zufällig zu der Sorte von Menschen gehörst, die über die Instagram-Influencer:innen meckern, weil diese nur Fotos machen, dann solltest du dir die Kanäle mal genauer anschauen und versuchen einen davon zu kopieren. Der Aufwand ist gewaltig und es ist harte Arbeit den Takt und die Frequenz auf den Kanälen beizubehalten. Einige Influencer:innen haben sich bereits in Podcasts oder anderen Formaten in Interviews erklärt und ihren Arbeitsalltag beschrieben. Wenn ich mir den Aufwand anschaue, den meine Kanäle und die der Agentur benötigen, dann kann ich nur den Hut ziehen.

Das perfekte Bild

Ich bin kein Instagram-Master, aber dennoch habe ich viele erfolgreiche Kanäle analysiert und folge den ganz großen Kanälen in Deutschland, um zu lernen. Das beste Bild muss einen Moment festhalten, der die User in seinen Bann zieht. Gelungene Momentaufnahmen lassen den Betrachter in die Szenerie eintauchen und er ist für einen kurzen Augenblick ein Teil dieses Moments. Mein Favorit bei Instagram ist eindeutig **Paul Ripke**, der sich selbst als Reportage-Fotograf bezeichnet. Er schafft es, diese Momente mit seiner Kamera einzufangen.

Witziger Fun-Fact an dieser Stelle:

Heute haben wir den 02.06.2019 und ausgerechnet Paul Ripke befindet sich aktuell in einer sich selbst aufgelegten Instagram-Pause. Ich hoffe doch sehr, dass er jetzt wieder bei Instagram aktiv ist, denn er fehlt mir schon sehr. (Update: Ist längst wieder aktiv, aber dieses Stück Zeitgeschichte bleibt hier festgehalten.)

Mit viel Mut und Einsatz erreicht er Orte und baut eine Nähe zu seinen Motiven auf. Dies gelingt vielen Fotograf:innen nicht und auch ich stoße bei kleinen Shootings da an meine Grenzen, weil mir oft einfach der Mut für diese Nähe fehlt. Einfach mal mit der Kamera ganz nah an das Motiv ran, Grenzen überwinden und für das perfekte Bild vollen Einsatz geben. Dabei aber keine Menschen belästigen und auch bitte keine Gesetze brechen.

Beachtet außerdem bei einem Bild, dass es gerade verläuft, wie zum Beispiel ein perfekter Horizont. Gerade Linien machen ein Foto ruhig. Nutzt nicht zwingend irgendwelche Filter, sondern versucht mit den Optionen lieber die Natürlichkeit in dem Bild näher zu beleuchten und den Fokus genau darauf zu setzen. Ein unscharfer Vordergrund und ein scharfer Hintergrund oder andersherum wecken die Neugier der Zuschauer. Gerade in Büro-Situationen ist es auf Fotos oft die unscharfe

Pflanze im Vordergrund und der scharf geschaltete Arbeitsplatz mit einem Menschen vor dem Computer.

Erzählt in euren Videos und Bildern interessante Geschichten und findet eure eigene Sprache. Auch die Bildunterschriften sind wichtig, denn die füllen das Bild im besten Fall nicht mit Leben, denn das sollte das Bild von selbst können, aber ergänzen das Bild um weitere Details und eine Geschichte.

Der Einsatz von Hashtags

Du sorgst mit dem Einsatz von Hashtags für Aufmerksamkeit bei Nutzer:innen, die dir nicht folgen. So vergrößerst du deine Reichweite und deine Follower-Anzahl. Viele Instagram-User suchen sich ihren Content über die Hashtag-Suche. Recherchiere vorher die passenden Hashtags für dein Bild oder Video. Achte dabei auf aktuelle Trends. Verlass dich auch ein wenig auf dein Gefühl. Ich bevorzuge den Einbau von Hashtags innerhalb eines Fließtextes, aber in der Regel werden alle Hashtags hinter dem Text aneinandergereiht. Instagram gibt eine maximale Anzahl von Hashtags vor. Da die Zahl sich ändern kann, bitte selbst recherchieren.

Weitere Trends für den versteckten Einsatz von Hashtags:

- Hinter dem Text unter dem Bild werden Absätze mit Hilfe eines Punktes gemacht. Erst darunter werden die Hashtags gesetzt. Dies soll dafür sorgen, dass die Hashtags erst dann sichtbar werden, wenn der User unter dem Text auf *Weiter* geklickt hat.
- Viele schreiben ihre Hashtags nicht in die Bildbeschreibung, sondern in den ersten Kommentar unter dem Bild. Diese Hashtags gehen auch in die Suche bei Instagram, aber die Gerüchte vermehren sich seit Monaten, dass dies demnächst abgeschafft werden soll. Ich habe dazu bis heute keine endgültige Meinung gelesen oder gehört.

IGTV

IGTV ist noch immer keine Erfolgsstory von Instagram. Jedoch gibt es gerade für kleine Kanäle einen Trick, um mehr Aufmerksamkeit für seine Produkte und Dienstleistungen zu bekommen. Kleine Kanäle unter 10.000 Follower:innen können nämlich die so wichtige Swipe-Funktion dann nutzen, wenn der Swipe mit einem IGTV-Beitrag verbunden ist. So können sich User mehr über deine Produkte und Dienstleistungen informieren und beschäftigen sich länger mit deinem Projekt oder deinem Unternehmen.

Um eine IGTV-Folge hochzuladen benötigt ihr ein Video im Hochkant-Format. Im Format 4:5 oder 9:16 werden Videos hochgeladen, die in eigenem IGTV-Kanal gespeichert werden. Nach einigen Monaten wurde eingeführt, dass die IGTV-Beiträge auch im Instagram-Feed angezeigt werden können. Bei kleinen und nicht verifizierten Kanälen müssen Videos mindestens 15 Sekunden und dürfen höchsten 10 Minuten lang sein. Ich empfehle, dass ihr alle eure Produkte und Dienstleistungen in einem IGTV-Beitrag vorstellt. Wenn ihr aus dem Arbeitsalltag dann eine Instagram-Story veröffentlicht, verlinkt ihr mit der Swipe-Funktion die passende IGTV-Folge. Dieses Prozedere haben wir schon für mehrere Kunden erfolgreich umgesetzt. Der große Vorteil ist, dass du diese Videos nur einmal produzieren musst und diese dann bei passenden Story-Beiträgen immer neu verlinken kannst.

Instagram-Reels

Mit den Reels kopiert Instagram das Erfolgsgeheimnis von TikTok. Ähnlich wie bei der Snapchat-Kopie hat es sich Instagram nicht nehmen lassen, die erfolgreiche Funktion einer anderen Plattform zu kopieren. Du kannst kleine Clips mit verschiedenen Filtern und Effekten produzieren und mit etwas Glück landest du mit deinem Reel im Bereich „Explore". Hier hast du die Chance einen viralen Hit mit deinem Reel zu landen. Wenn ein Hashtag in einem Reel häufig genutzt wird, dann wird es zu einem Trend auf der Plattform. Wenn du dich regelmäßig an den Trends beteiligst, dann erhöhst du deine Chancen auf viel Reichweite.

WOCHENAUFGABEN FÜR INSTAGRAM

DEINE WÖCHENTLICHEN INSTAGRAM-HAUSAUFGABEN

☐ **VERÖFFENTLICHE 2 BEITRÄGE IN DEINEM FEED**
- Achte auf aussagekräftige, lustige und überraschende Motive
- Filter sind längst nicht mehr im Trend
- Der Horizont sollte immer gerade sein
- Dein Bild sollte von hoher Qualität sein
- Recherchiere passende Hashtags, aber übertreibe es nicht
- Verlinke Orte und Personen, wenn diese Teil deines Bildes sind

☐ **HALTE EINE STORY ALLE 3-4 STUNDEN AKTUELL**
- Sei unterhaltsam, informierend und überraschend
- Nutze den Standort-Sticker für mehr lokale Reichweite
- Hashtags bringen dir mehr Story-Betrachter:innen
- Nutze alle Funktionen immer nur in Maßen
- Sprich auch mal in die Kamera und zeige dich
- Probiere Filter, Sticker, GIFs und VR-Funktionen vorher aus
- Denke dir wiederholende und wiederkehrende Elemente aus
- Schaue dir Statistiken genau an, um erfolgreiche Formate zu erkennen

☐ **KOMMENTIERE BILDER FREMDER USER:INNEN AUS IHREM THEMENBEREICH**
- Suche nach Hashtags zu deinen Themen
- Gehe auf Aussagen und Bilder fremder User:innen genau ein
- Weise dezent auf ähnliche Bilder in deinem Kanal hin
- Folge nicht jedem, dessen Bilder du kommentierst

☐ **GEHE LIVE BEI INSTAGRAM**
- Nutze die Live-Funktion und zeige dich deinen Follower:innen
- Entwickle eigene Formate für die Live-Funktion

☐ **IGTV (INSTAGRAM TV)**
- Produziere hochwertige Film-Formate
- Deine IGTV-Episoden lassen sich in der Story verlinken

YouTube

Die Produktion von Videos ist im Gegensatz zu Texten und Bildern für den Laien mit dem größten Aufwand verbunden, aber zeigt gleichzeitig das größte Potential auf. In vielen Bereichen hat YouTube das Fernsehen gleichermaßen abgelöst, wie es vorher die Streaming-Dienste getan haben und ist mittlerweile ebenfalls ein Streaming-Anbieter mit exklusiven Inhalten. Heute werden Sendungen und Shows nicht mehr gemäß einem Fernsehprogramm konsumiert, sondern der Konsum richtet sich nach dem Kalender der jeweiligen Nutzer:innen.

„Wir können jederzeit und überall unsere favorisierten Sendungen, Shows und TV-Formate gucken. "

Auch wenn der Aufwand enorm hoch erscheint, muss es nicht immer eine Hollywood-Produktion sein, denn das eigene Smartphone, ein Stativ und etwas Licht können euch schon zum YouTube-Star machen. Wenn deine Fähigkeiten bei der Produktion eines aufwändigen Videos limitiert sind, dann hast du die Möglichkeit mit Charme, Witz, Ausstrahlung und Wissensvermittlung ein Millionenpublikum zu erreichen. Probiere es mal aus.

Setz dich vor eine Kamera und erzähle eine interessante Geschichte oder referiere über ein spannendes Thema. Stell es bei YouTube ein und schau dir nach wenigen Tagen die Klickzahlen an. Ohne Strategie, Marketing und Konzept werden Menschen euer Video angeklickt haben. Nun stell dir mal vor, dass du das mit einem durchdachten Plan wiederholen würdest?

Alternativ kannst du das erste Video auch erstmal deinen Freunden zeigen und Feedback einholen, bevor du es online stellst. Lass dich von niedrigen Klickzahlen nicht entmutigen und lerne von Vorbildern aus deinem Themengebiet.

„Wenn dieses Buch eines Tages im Buchhandel als gedrucktes Buch erscheinen wird, dann schwöre ich hiermit feierlich, dass es eine Buchpräsentation von mir auf YouTube geben wird."

Die wichtigsten Faktoren für viele Klicks bei YouTube

Die wichtigsten Faktoren beinhalten nicht die Aufnahme des Videos oder die Videoqualität! Verrückt, oder? Wenn du bei mir in einem Kurs über Social Media gesessen hast, dann kennst du den YouTube-Kanal der Miederkönigin. Wir generieren über 30.000 Klicks pro Monat mit günstig produzierten Videos, während die namhaften Hersteller aus der gleichen Branche nur wenige hundert Klicks pro Jahr generieren.

Während wir mit Amateur-Models, welche größtenteils von den Herstellern bezahlt wurden, in einem kleinen Ladenlokal filmten, flogen die Herstellerfirmen mit Profi-Models und großem Team auf die Malediven. Dennoch sind unsere Videos erfolgreicher, denn wir haben folgende Faktoren eingehalten:

Der Titel des Videos sollte immer genau die Informationen beinhalten, welche in dem Video auch zu finden sind. Wer die Videobeschreibung nicht ausfüllt, der hat schon verloren. Gerade am Anfang sollte hier ein langer und ausgearbeiteter Text stehen. Bitte bedenke, dass der Link zu deinem Projekt als erstes in die Videobeschreibung eingefügt wird, denn es wäre fatal, wenn der Zuschauer erst auf *Mehr Informationen* klicken müsste. Ebenso wichtig ist auch, dass du den Link vollständig mit *https://* eingeben musst und nicht mit *www.* startest. Sonst erkennt YouTube den Link nicht und du bekommst die Leute nicht auf deine Zielseite, damit sie eine Conversion auslösen können.

Es gibt auch die Funktion der Schlagwörter bei YouTube und die sind wichtig für die Auffindbarkeit deiner Videos. Recherchiere die Schlagwörter der Videos, die ähnliche Themen behandeln.

Vernetzung mit anderen YouTubern

YouTube lebt von Bewertungen, Abonnenten sowie Kommentaren und als Neuling in diesem Dschungel solltest du dich mit anderen vernetzen oder mit Kommentaren auf dich aufmerksam machen. Ein Kommentar ist keine Werbung, also schau dir die Videos an und nehme Bezug im Kommentar auf dein Video. Greife fremde Videos in deinen Videos auf und schon findest du viele Gleichgesinnte.

Konkurrenzdenken mindert den Erfolg, denn du wirst selten der Erste sein, aber auch im Windschatten lassen sich lange Kämpfe gewinnen. Qualität setzt sich am Ende immer durch und die User:innen haben auch Zeit für zwei Kanäle zu einem Thema.

Vorschaubilder

Erstelle auf alle Fälle ein Vorschaubild (Thumbnail) mit hoher Aussagekraft. Schreibe den Titel auf das Bild und baue, wenn möglich, einen Teaser oder Cliffhanger ein. Wenn dein Video in den Suchergebnissen bei
YouTube auftaucht, dann kann das Vorschaubild zu dem wichtigen Klick führen, der dein Video starten lässt.

IHRE AUFGABEN AUF DEM WEG ZUM YOUTUBE-STAR

EIN VIDEO IST DIE KÖNIGSDISZIPLIN IM SOCIAL MEDIA

☐ **EQUIPMENT FÜR DEN START EINES KANALS AUF YOUTUBE**

- Kamera (Webcam, Spiegelreflex, Smartphone, Videokamera)
- Stativ (Tisch, Boden, Querkant, Hochkant, Mobil)
- Mikrofon
- Licht
- Schnittprogramm
- Computer oder Laptop

☐ **PRODUZIERE DEIN ERSTES VIDEO**

- Erstelle Intro, Outro und Bauchbinde
- Übe das Spiel vor der Kamera
- Hole dir Feedback von Freund:innen und Kolleg:innen ein

☐ **ERSTELLE WIEDERKEHRENDE FORMATE**

- Erstelle Design, Logos oder Rahmen für die Wiedererkennung
- Erstelle für jedes Format eine eigene Playlist
- Erstelle mit den Playlisten Ihre YouTube-Startseite

☐ **TRAILER FÜR DEN YOUTUBE-KANAL**

- Erstelle einen Trailer für deinen YouTube-Kanal
- Aktualisiere deinen Trailer regelmäßig

☐ **COMMUNITY MANAGEMENT**

- Moderiere deine Kommentare
- Kommentiere in anderen Kanälen
- Rufe die Zuschauer:innen zu Interaktionen auf

☐ **SOCIAL MEDIA-MARKETING**

- Poste deine Videos auf anderen Plattformen
- Bette die Videos auf deiner Website ein

Twitter

Twitter ist ein schwieriger Kanal, denn er macht erst dann Spaß, wenn du deine ersten Follower:innen gewinnst und Reaktionen auf deine Tweets bekommst. Aber auch hier habe ich einige hilfreiche Vorschläge, damit du bei deinem Start auf Twitter nicht vor Einsamkeit zu schnell den Mut verlierst. Zuerst solltest du mir folgen und mir mitteilen, dass du gerade dieses Kapitel meines Buchs gelesen hast. Ich werde dir folgen und mir dein Projekt gerne anschauen. Wer weiß, vielleicht kaufe ich auch etwas auf deiner Seite, denn ich habe viele Interessen.

Für Twitter solltest du den Umgang mit Hashtags erlernen, denn die richtige Nutzung wird deinen Tweets die erste Aufmerksamkeit zukommen lassen. Darum ist es wichtig, die für dich geeigneten Hashtags zu finden. Dies bedeutet, dass diese zu deinem Thema passen sollten. Es gibt einige Themen, die bedingt durch das TV-Programm, häufiger in den Twitter-Trends auftauchen.

Es gibt verschiedene TV-Formate, die sich für bestimmte Blogs perfekt eignen. Nehmen wir mal an, dass du über Mode bloggst. Dann könnte die TV-Sendung *Shopping Queen* auf VOX für dich interessant sein, denn der Hashtag #ShoppingQueen landet meistens in den Trends. Wenn also ein Blog-Artikel zu der Sendung passt, dann wäre die Zeit genau richtig für dich, um einen Tweet abzusenden.

Irgendwie hat VOX ein Händchen für TV-Sendungen, die regelmäßig bei Twitter in den Trends sind. Mit #FirstDates (Kuppelshow) und #DHDL (Die Höhle der Löwen, Gründershow) fallen mir direkt zwei weitere Hashtags ein.

Es gibt viele solcher Beispiele, die dafür genutzt werden können, um mit aktuellen und kreativen Beiträgen für Aufmerksamkeit bei Twitter zu sorgen. Verfolgt einfach die Trends und entdeckt Potentiale für euer Projekt.

Ein paar Twitter-Beispiele:

- Am Anfang einer Woche gibt es bei Shopping Queen ein Motto. Zu diesem Motto gehen die Kandidatinnen von Montag bis Freitag einkaufen. Wenn das Motto zum Beispiel *Farbenfrohe Outfits* lautet, dann hätte ein Blog-Artikel mit dem Titel *Das sind die trendigsten Mode-Farben* gute Chancen, um geklickt zu werden.

- Falls ihr einen Buch-Blog betreibt und euch für Biografien von bekannten Persönlichkeiten interessiert, dann verlinkt diesen Prominenten in dem Tweet mit der Rezension seines Buches. Sollte diese ihm gefallen und ihr bekommt einen Retweet, dann werden sich einige Fans auf euren Blog wiederfinden.

- Ich selbst habe dies vor einiger Zeit mal mit meinem Sport-Blog gemacht. Die bekannten Fußball-Moderatoren Frank Buschmann und Wolff-Christoph Fuss haben so meine Rezensionen gelesen und diese in ihren Social-Media-Kanälen geteilt. Wenn dann hunderte Leser gleichzeitig ein neues Projekt besuchen, dann macht sich das schon ganz gut.

- Politik-Blogs mit aktuellen Themen sollten selbstverständlich die bekannten Talkshows verfolgen, die ebenfalls regelmäßig in den Trends auffindbar sind.

- Fußball-Spiele haben immer einen eigenen Hashtag und stehen dank der sportaffinen Community auf Twitter immer ganz oben in den Trends.

In den letzten Jahren ist Twitter immer mehr zu einer politischen Bühne geworden. Das berühmteste Beispiel ist wohl Donald Trump, der während seiner Amtszeit als Präsident der USA die Plattform an ihre Grenzen gebracht hat. Twitter hat irgendwann damit begonnen, die Tweets des ehemaligen Präsidenten einem Faktencheck zu unterziehen. Nach der Wahl markierte Twitter beinahe alle Tweets von Donald Trump und kennzeichnete darin seine Unwahrheiten und seine Behauptungen, die sich auf keinen Beweisen stützten. Neben all dem Aufschrei dürfen wir aktive Twitter-User:innen niemals vergessen, dass wir immer in einer kleinen Filterblase agieren. Die Zustimmung auf einen Tweet lässt keine Rückschlüsse auf die gesellschaftliche Anerkennung oder Ablehnung eines komplexen Themas zu. Jeden Tag wird die sprichwörtliche Sau durch das Dorf getrieben.

Im Jahr 2020 veröffentlichte Jan Böhmermann das spannende Buch „Gefolgt von niemandem, dem du folgst: Twitter-Tagebuch. 2009-2020". Es skizziert wunderbar die Entwicklung von Twitter nach. Das Buch eignet sich auch für Twitter-Anfänger als begleitende Lektüre. Er hat es geschafft die Entwicklungen auf Twitter parallel zum zeitlichen Kontext wunderbar einzufangen.

Im Novemeber 2020 führte Twitter ebenfalls eine Story-Funktion ein; Twitter-Fleets. Ein Fleet ist eine Story, die nach 24 Stunden wieder verschwindet. Es ist die Kopie der beliebtesten Funktion auf Instagram, TikTok und eben Snapchat. Viele Twitter-Liebhaber:innen unterstützen die Funktion, denn die Hürde einen Tweet abzusetzen wäre bei dem Wissen über das zeitige Verschwinden geringer geworden. Jedoch ist in meinen Augen die öffentliche Diskussion unter Tweets die Besonderheit dieses Kanals.

Die Fleets haben im Zusammenhang mit unserem Thema „Geld verdienen" keine Relevanz. Wenn du mit deinem Blog im Zusammenspiel mit einem Twitter-Account wirklich Geld verdienen willst, dann musst du die richtigen Zeitpunkte und die richtigen Hashtags zusammenbringen. Dies gelingt meistens in Verbindung mit dem Live-TV oder Events und lässt sich nur bedingt vorher planen oder automatisieren.

WOCHENAUFGABEN FÜR TWITTER

DIE TWITTER-CHECKLISTE FÜR AMBITIONIERTE ACCOUNTS

☐ **VERÖFFENTLICHE TÄGLICH TWEETS ZU AKTUELLEN TRENDS**
- Halte die Deutschland-Trends im Auge
- Poste Tweets zu erfolgreichen Hashtags, wenn deine Inhalte dies hergeben
- Veröffentliche Tweets mit Videos und Bildern, wenn es passt
- Nur wenige Tweets sollten einen Link beinhalten
- Humor und Timing sind die Schlüssel zum Erfolg bei Twitter

☐ **TEILE TWEETS VON ANDEREN USER:INNEN**
- Ergänze Tweets von anderen User:innen mit zuvor vergessenen Hashtags
- Teile immer mit einem Kommentar
- Positioniere dich zu einem Thema mit mehreren zeitnahen Tweets

☐ **TWEETS ANDERER NUTZER LIKEN**
- Sei aktiv und belohne andere Tweets mit Likes und Retweets
- Interagiere regelmäßig mit treuen Follower:innen
- Schalte die Benachrichtigung für neue Tweets bei passenden User:innen ein

☐ **TWITTERE WÄHREND LIVE-VERANSTALTUNGEN**
- Viele TV-Shows platzieren sich in den Deutschland-Trends
- Erkundige dich nach passenden TV-Shows für deine Produkte und Dienstleistungen
- Interagiere häufig beim Live-Twittern mit anderen Nutzer:innen

☐ **GEHEN SIE LIVE BEI TWITTER**
- Bereite eine Live-Show im Vorfeld vor
- Je länger du live gehst, desto mehr Zuschauer:innen werden erreicht

☐ **GEDULD IST BEI TWITTER GEFRAGT**
- Achte auf Qualität und nicht auf Quantität
- Baue dir treue Follower:innen auf und sei ebenfalls ein:e treue:r Follower:in
- Sei bei gewissen Hashtags regelmäßig am Start
- Folge nicht jedem User:in hinter einer Interaktion

99

Pinterest

Bei Pinterest werden Pinnwände erstellt, die dann mit Pins in Form von eigenen oder fremden Bildern befüllt werden. In den Bereichen Wohnaccessoires, Dekoration, Hochzeit, Mode und Schmuck ist der Kanal sehr mächtig, denn viele User erstellten sich Pinnwände mit Inspirationen für ihr eigenes Event, ihren Geschmack oder eine Geschenkeliste. Wenn ihr eure Nische in einem der Themen angesiedelt habt, dann ist dieser Kanal für euch der richtige. So oder so gilt bei mir immer, dass wir bei jedem Online-Shop alle Produkte auch bei Pinterest veröffentlichen, denn es kostet kein Geld und mit vielen Pins können noch Jahre später Traffic und Conversions erzielt werden. Ich habe circa 2010/2011 ein Bild einer Fasssauna bei Pinterest veröffentlicht und bekomme noch immer ab und an eine E-Mail, weil jemand das Bild geteilt oder favorisiert hat.

Jedem Bild sollte mit der Quelle hinterlegt sein, also ein Link. Im besten Fall führt er direkt auf eine Verkaufsseite. Wenn ihr also eine trendige Dekoration für einen Feiertag, eine Hochzeit oder ein anderes saisonales Highlight verkauft, dann erstellt eine Pinnwand.

Ein kleiner, aber feiner Absatz zu Pinterest. Ende 2018 und Anfang 2019 kamen wieder vermehrt Berichte über eventuelle Neuausrichtungen von Pinterest und Zahlen über großes Wachstum. Dennoch hat Instagram mittlerweile auch da viele nützliche Funktionen integriert, so dass dieser Kanal keine große Rolle mehr in meinen Marketingaktivitäten spielt. Online-Shops bekommen weiterhin einen professionellen und gepflegten Auftritt, aber sonstige Kunden eigentlich nicht. Wichtig ist nur, dass auch Online-Shops nicht nur Produktfotos pinnen sollten, sondern auch Bilder aus der Community und für Abwechslung auf den Pinnwänden sorgen. In vielen Blogger:innen-Gruppen auf Facebook schwören aber viele Blogger:innen auch im Jahr 2021 auf Pinterest als Quelle für Websitebesucher:innen. Wir von Contunda setzen seit einigen Monaten wieder auf Pinterest und generieren ohne viel Aufwand mehrere Hundert Aufrufe unserer Bilder. Es ist kostenlos, es geht schnell und daher würde ich es auf einen Versuch ankommen lassen!

WÖCHENTLICHE CHECKLISTE FÜR PINTEREST

TIPPS FÜR ERFOLGREICHES MARKETING MIT PINTEREST

☐ **THEMATISCHE PINNWÄNDE ERSTELLEN**
- Pins auf mehreren relevaten Pinnwänden teilen
- Einen Pin auf maximal 10 Pinnwänden teilen
- Produktkategorien zu Überthemen zusammenfassen
- Nutze Gruppen-Pinnwände, um eine größere Zielgruppe zu erreichen

☐ **VERSCHIEDENE CONTENT-FORMEN**
- Video-Pins sind aktuell relevant
- Story-Pins, Karusell-Pins & Werbe-Pins nutzen

☐ **MISCHUNG AUS EIGENEN IDEEN & FREMDEN INHALTEN**
- Inoffizielle Regel: 70% eigener Content & 30% fremde Inhalte
- Stets aktuellen Content produzieren
- Content mit Nutzer:innen erstellen
- Neue Pins fließen ebenso wie relevante Pins in den Feed mit ein
- Eigene Beiträge immer wieder teilen
- Mindestens 2 Tage zwischen den Postings

☐ **HASHTAGS FÜR DIE SUCHE**
- Keywords funktionieren, da es sich um eine Suchmaschine handelt
- Keywords auf die Zielgruppe abstimmen

☐ **DIE RICHTIGEN WEBSEITEN VERLINKEN**
- Aus einem Produkt verschiedene Pins erstellen
- Pins anpassen auf verschiedene Zielgruppen
- Bild und Link sollten zusammenpassen

☐ **EINHEITLICHES ABER AUFFÄLLIGES DESIGN**
- Einheitliches Pin-Design
- Beispielsweise mit Vorlagen arbeiten
- Standard Pin-Format: 1000px x 1500px
- Verschiedene Design-Optionen ausprobieren
- Der Inhalt des Pins sollte auf dem Bild zu erkennen sein

XING und LinkedIn

Die beruflichen Netzwerke Xing und LinkedIn geben dir die Möglichkeit für das Eigenmarketing eines Unternehmens oder für dich als Selbstständige:r. Gestalte mit hochwertigen Artikeln ein eindrucksvolles Profil und zieh so Aufmerksamkeit auf dein Projekt oder während der Jobsuche auf deine Person. Wenn ich eine Visitenkarte erhalten habe, dann suche ich denjenigen immer auf diesen beiden Portalen und vernetze mich. Für Außenstehende sieht ein gepflegtes und großes Netzwerk immer nach etwas aus und die Netzwerke zeigen dir auch Verbindungen zu anderen Menschen auf, selbst wenn zwischen euch eine weitere Person steht.

Ich gebe immer den Tipp, dass der Profilbesuch eine mächtige Waffe auf den Netzwerken ist. Im jeweiligen Profil und bei vielen zusätzlich über eine E-Mail wird über Profilbesuche informiert. Der Besuchte schaut sich den Besucher an und wenn er dann zufällig den richtigen Content findet, dann können daraus neue Aufträge werden.

Ein Beispiel:

Ich habe auf einer Veranstaltung eine Weinhändlerin getroffen, die das Online-Marketing vernachlässigte. In der Woche darauf schrieb ich einen Artikel über *Online-Marketing für Genießer* und veröffentlichte ihn in meinem Blog und postete diesen bei Xing. Danach besuchte ich das Profil der Weinhändlerin und vernetze mich mit ihr. Dazu schrieb ich ihr eine harmlose private Nachricht und bedankte mich für das Gespräch auf der Veranstaltung. Sie sah die Nachricht, besuchte mein Profil, entdeckte den Artikel, rief an und eine neue Kundin war gewonnen.

Clubhouse-Hype erwischte mich eiskalt

Anfang 2021 sah ich in den Instagram-Stories viele Beiträge über die neue App *Clubhouse*.

Was ist Clubhouse?

In der App gibt es die Möglichkeit einen Raum zu eröffnen, indem du als Speaker oder Moderator auf der Bühne stehst. Du kannst deinen Raum sofort eröffnen oder diesen als Veranstaltung planen, damit sich andere Nutzer:innen sich diesen Termin merken können. Die App ist komplett audio-basiert, so dass ganz ohne Video miteinander gesprochen wird. Wenn sich Menschen für das Thema des Raumes interessieren, dann werden sie dir in deinen Raum folgen. Dort können sie virtuell eine Hand heben und von einem Moderator auf die Bühne geholt werden, um dort auch zu sprechen.

Die Besonderheit ist, dass es sich um Live-Veranstaltungen handelt, die du später nicht nachhören kannst. Der Witz an dem Erfolg ist, dass das lineare Fernsehen und das Radio immer niedergesprochen werden, aber sich jetzt alle auf eine App mit Live-Verpflichtung stürzen.

Das steckte hinter dem Hype

Diese App entwickelte sich schnell zum Hype, denn sie nutzte drei wichtige Elemente, um so dermaßen durch die Decke zu gehen:

1. Reichweitenstarke Influencer:innen

Es ging das Gerücht herum, dass viele Influencer:innen zum Start der App eine Kooperation mit Clubhouse starteten oder gezielt mit einer Einladung versehen worden sind. Dadurch posteten alle an diesem besagten Wochenende die Werbung für die App und zogen so viele Nutzer:innen an.

2. Verfügbarkeit nur auf dem iPhone

Diese Entscheidung kann noch nicht vollständig bewertet werden, denn zum jetzigen Zeitpunkt gibt es die versprochene App für Android-Geräte noch nicht. Insgesamt sah die Verteilung der Smartphone-Betriebssysteme in Deutschland so aus, dass iPhone knapp 25% und Android knapp 75% Marktanteile hatte. Die Aufmerksamkeit ist bereits Ende Februar 2021 zurückgegangen, aber wenn die Android-App kommt und ein zweiter Hype entsteht, der dann langfristig bleibt, hat die App noch eine Chance.

3. Exklusivität durch persönliche Einladungen

Jede:r Nutzer:in konnte zwei weitere Nutzer:innen einladen. Diese Einladungen wurden von Clubhouse immer wieder aufgefüllt und im Moment habe ich trotz mehrwöchiger Inaktivität noch fünf Einladungen. Die große Datenschutz-Diskussion bestand daraus, dass jede:r Nutzer:in das Telefonbuch freigegeben hat, um eben die Kontakte zu finden und die Einladungen verschicken zu können.

Die typischen Abläufe im Social Media

Dieses Beispiel zeigt, wie neue Social-Media-Apps schnell Schlagzeilen erzeugen. Ich war so neugierig, dass ich mir nur für Clubhouse ein iPhone von einer Freundin ausgeliehen habe. Dann war ich circa zwei Wochen aktiv, bis ich keine Lust mehr hatte. Schon nach wenigen Tagen hatten die Menschen auf der Plattform folgende Bezeichnungen in ihren Profilen stehen:

- Clubhouse-Experte
- Top-Clubhouse-Moderator
- Spezialisierter Community-Manager auf Clubhouse
- Clubhouse-Speaker
- Community Manager auf Clubhouse

Natürlich gab es auch spannende Diskussionen mit Journalisten und Journalistinnen über wirklich wichtige Themen, doch schnell überhäuften sich nervige Netzwerk-Talks ohne jeden Mehrwert und vermüllten die Timeline.

Ich bin sehr gespannt, ob Clubhouse seine Relevanz auf dem Markt festigen kann. Twitter und Facebook/Instagram arbeiten im Hintergrund schon an ähnlichen Apps. Es würde mich wundern, wenn vor allem Facebook nicht zeitnah eine Alternative auf beiden Plattformen veröffentlichen wird, um seine Position als Marktführer auszubauen.

Clubhouse und das Geld verdienen

Um mit deiner Website auch mit Hilfe von Clubhouse Geld verdienen zu können, solltest du in deinem Profil deinen Instagram und deinen Twitter-Account unbedingt angeben. Spätestens dort sollte der Link zu deiner eigenen Website auftauchen. Aktuell bemerke ich, dass viele Nutzer:innen von Clubhouse den Klarnamen bei LinkedIn suchen und sich dort mit mir vernetzen.

Auf deinen Social-Media-Kanälen könntest du den Trick anwenden, vorab überall passende Inhalte zu deinem Clubhouse Event zu teilen. Damit lotst du die Zuhörer:innen von Clubhouse auf deine Website, um dort Produkte und Dienstleistungen zu verkaufen.

Sonstige Social-Media-Kanäle

Die Entwicklung der Social-Media-Kanäle kennt kein Ende. Vor einiger Zeit war die App *Vero* in aller Munde. Der Hype um diese App dauerte in Deutschland keine sieben Tage an und hat es sich dadurch in die Medien gebracht, weil die ersten Besucher:innen einen kostenlosen Zugang bekamen, bevor die App in Zukunft einiges kosten sollte. Die App existiert noch und ist in ihrer Nische und bei ihrer Zielgruppe auch erfolgreich, aber in Deutschland war es nur eine kleine Welle. Jedoch reichte die kleine Welle aus, um viele selbsternannte Vero-Experten auf den Plan zu rufen, die in dieser App das nächste große Ding gesehen haben wollten. Dieses Beispiel zeigt, dass zu jeder Zeit ein neuer Kanal die Welt erobern kann, jedoch nicht jeder Kanal unbedingt zu dir, deiner Zielgruppe und deinem Projekt passen muss.

TikTok kam im Jahr 2020 aus Asien nach Deutschland und spricht eine junge Zielgruppe an. Wir haben im Sommer 2020 mit unserem eigenen TikTok-Kanal für Contunda begonnen. Wir erreichen verhältnismäßig viele Menschen trotz weniger Follower:innen. TikTok ist auf dem internationalen Werbemarkt relevant.

Leider wird das „Social Media Prisma" nicht mehr aktualisiert, dennoch lohnt sich ein Blick auf dieses Hilfsmittel. Dort sind circa 250 Social-Media-Kanäle in 25 Kategorien gelistet. Dating-Apps, Rezepte-Communities, Social Shopping-Plattformen und Gaming sind nur einige Beispiele daraus.

Social Media wird wie folgt definiert:

Unter Social Media werden im Internet alle Plattformen bezeichnet, auf denen Nutzer:innen allein oder in bestimmten Gemeinschaften bestimmte Inhalte erstellen, besprechen und austauschen können. Mit Inhalten sind unter anderem Texte, Videos, Bilder und Sounds gemeint.

Linkaufbau

Der Linkaufbau gehört zu den Königsdisziplinen in der Suchmaschinenoptimierung, auch wenn die Erstellung von hochwertigen Inhalten auf der eigenen Website aktuell effektiver ist, um Sichtbarkeit im Internet zu erhalten. Dennoch ist Linkaufbau immer dann wertvoll, wenn durch den Link auch Traffic auf die eigene Website geleitet wird, so dass Verkäufe (Conversions) erzielt werden.

Im Netz gibt es gut besuchte Foren, starke Frage-Portale. Erfolgreiche News-Portale und viele Influencer:innen mit Blogs, welche für langfristigen Traffic auf deiner Website sorgen können. Dann haben wir noch die Nachrichtenmagazine, große Websites von Verlagen und jede Menge an sehr sichtbaren Nischen-Websites. Vielleicht soll dein Internetprojekt genau solch eine Website werden. Wenn du dieses Buch durchgearbeitet hast, dann bekommt dein Blog bald Anfragen über den Einbau von Backlinks in Form von Kooperationen. Dieser Einbau von Links in neuen oder bestehenden Artikeln ist eine von vielen Einnahmequellen. Jedoch werde ich später die dazugehörigen Regeln ausführlich erklären.

Achte immer auf die Kennzeichnung des Werbelinks und lass dich natürlich niemals und unter keinen Umständen dazu überreden, dass du diese Kennzeichnung nicht durchführst. Dir wird zwar ein Vielfaches an Geld für einen nicht gekennzeichneten Link angeboten, aber wo kämen wir denn dann hin. Werbung muss im Internet gekennzeichnet werden, aber die Nachverfolgung von ungekennzeichneter Werbung ist gerade bei kleineren Seiten sehr schwierig. Selbst auf bekannten Portalen und News-Seiten lassen sich ständig ungekennzeichnete Werbe-Beiträge finden.

Es gibt auch den natürlichen Linkaufbau, denn mit hochwertigem Content musst du nicht ständig auf die Jagd nach Backlinks gehen, sondern du wirst von ähnlichen Seiten als Quelle sowieso freiwillig und ganz ohne Einsatz von finanziellen Mitteln verlinkt. Dies wird dir irgendwann zeigen, dass sich die Textarbeit auf deiner Website lohnt und du dir mit professionellen Texten und dem entsprechenden Mehrwert die Arbeit mit dem Linkaufbau nahezu sparen kannst.

Hier zählt eher der Netzwerkgedanke und da hilft dir Social Media schnell weiter. Wenn du ein spezielles Thema bearbeitest, dann such dir schnell Gleichgesinnte, markiere diese in deinen Texten oder in deinen Social Media-Beiträgen und baue so ein Netzwerk auf. Durch den regelmäßigen Austausch mit anderen Blogger:innen profitieren beide Seiten von der Community des jeweiligen anderen.

Das Thema *Linkaufbau* ist eine zeitraubende Fleißarbeit und zum Glück setzt Google mit seinen Rankingfaktoren auf Natürlichkeit und bewertet Texte und dessen Inhalte mit immer größeren Schwerpunkten. Ich setze bei meinen Blog-Projekten den Fokus ganz klar auf die Erstellung weiterer Texte, die Überarbeitung alter Texte und die internen Verlinkungen innerhalb der Texte. Mit dieser Strategie fahre ich seit vielen Jahren optimal und erfreue mich immer wieder an interessanten Backlinks, für die ich weder Kosten noch Mühen investieren musste. Nutze regelmäßig einen Backlink-Checker, um die neuen Backlinks ausfindig zu machen. Wenn du einen findest, dann bedanke dich persönlich für die Erwähnung auf dessen Website.

Genau so mühsam wie der Linkaufbau ist auch dieses Kapitel und darum werde es hiermit abschließen. Dieser ganze Quatsch mit dem Linkkauf und dem Linktausch mag noch funktionieren, aber bis du auf diesem Level bist, vergehen Monate oder Jahre. Ansonsten habe ich dir hier wieder einige Begriffe hingeworfen, dessen Erklärungen bei Google schnell zu finden sind. Du findest Anbieter schnell im Internet oder ganze Facebook-Gruppen zu dem Thema. Deine Website darf nur kein Ramschplatz für minderwertige Backlinks werden.

Netzwerkveranstaltungen

Diese Zeit vermisse ich nicht. Es war die Zeit der fehlenden Freizeit. Ich bin damals beinahe täglich und auch an Wochenenden auf Netzwerkveranstaltungen gegangen, um mein anfängliches kleines Netzwerk auf Facebook, Twitter und Instagram aufzubauen.

Jede:r Unternehmer:in braucht Kontakte und ein Netzwerk, denn sonst ist es schwierig mit der Reichweite. Auf diesen Netzwerkveranstaltungen ging es weniger um die Akquise von Neukund:innen, sondern um die Vernetzung im Social Media, damit neue Inhalte durch deren Reichweite an die angestrebten Zielkunden gelangen konnten. Diese Strategie macht auch Spaß und wenn du passende Events, Treffen, Barcamps, Seminare oder Messen zu deinem Thema findest, dann besuche diese ganz dringend.

Wenn sich auf diesen regelmäßigen Veranstaltungen immer die gleichen Leute tummeln, dann nimm irgendwann Abstand davon und suche die nächsten interessanten Kreise auf. Dies bedeutet aber nicht, dass ich dort nicht auch neue Freund:innen und gute Bekannte getroffen habe, die ich gerne wiedersehe und auch den Kontakt beruflich und privat halte.

Blogparaden

Eine beliebte Art, um Website-Besucher:innen auf die eigene Website zu bekommen sind Blogparaden. Bei einer Blogparade gibt ein:e Blogger:in ein Thema vor, setzt eine Deadline und andere Blogger:innen beteiligen sich an der Parade mit einem eigenen Beitrag. Diese Beiträge werden dann untereinander verlinkt und meistens gehört ein Hashtag dazu, so dass sich die Teilnehmer im Social Media untereinander finden. Dieses Prozedere hat damals für meine eigene Website *www.burkhard-asmuth.de* wunderbar funktioniert.

Unter dem Hashtag #BlogABC dachte ich mir aus, dass jede:r Blogger:in ein eigenes Blogger:innen-Alphabet schreibt und ich dieses am Ende auswerten würde. Zu der Auswertung ist es aus zeitlichen Gründen leider nie gekommen, aber damals haben knapp 30 Blogger:innen teilgenommen. Das Interesse an dieser Blogparade war deutlich größer als es die Anzahl der Teilnehmer:innen aussagte, so dass Sichtbarkeit, Traffic und Follower:innen-Anzahlen deutlich nach oben stiegen. Leider habe ich aus diesem Scheinwerferlicht nicht viel gemacht und das war ein großer Fehler. Dieser einmalige Boost verpuffte schnell, aber das liegt auch an meiner unregelmäßigen Arbeit an meiner Website.

Achte nur darauf, dass du dir sicher bist, dass viele Blogger:innen an deiner Parade teilnehmen, sonst wird es ziemlich peinlich. Es gibt Facebook-Gruppen zu dem Thema und vielleicht nimmst du erstmal an ein paar Blogparaden teil. Auch die Teilnahme an fremden Blogparaden führt zu mehr Aufmerksamkeit und Sichtbarkeit. Am Ende gewinnen aber immer die Ausrichter:innen, weil Verlinkung und Kommentare meistens zu den Teilnahmebedingungen gehören und somit die Ausrichter:innen viele Backlinks auf den hoffentlich optimierten Artikel bekommen. Meine Blogparade war damals ein fieser Seitenhieb auf eine andere Bloggerin und mit etwas mehr Mühe und Einsatz hätte diese Blogparade der Anfang eines großen Blogs rund um das Thema „Bloggen" werden können. Doch die Arbeit in der Agentur ist auch noch immer ein großer und nicht zu kalkulierender Zeitfresser.

Arbeit, Arbeit, Arbeit

Jetzt bist du wieder ein großes Stück weiter und schon bald entlasse ich dich vorerst in den Internet-Dschungel. Doch neben all den Vorbereitungen und den ersten Schritten mit einem eigenen Internet-Projekt, musst du dir selbst einen Faktor definieren. Es geht um den Faktor **Zeit**. Mit deinem Projekt bist du unter die Selbstständigen gegangen. Dies bedeutet, dass du deine Arbeitszeit nur dann bezahlt bekommst, wenn du einen Auftrag an Land gezogen hast. Für deine ersten Schritte mit einem eigenen Blog-Business musst du viele Stunden an Vorarbeit leisten, um dann irgendwann Einnahmen zu generieren. Daher sieh dein Blog-Projekt zwingend als Zweitjob an, der dir feste Arbeitszeiten vorschreibt. Schreib deine Arbeitsstunden an der Website genauso in den Kalender, wie deine Arbeitszeiten oder Schichtpläne von deinem Hauptjob. Selbstständig zu sein bedeutet zwar auch flexible Arbeitszeiten und freie Zeiteinteilung, doch diesen Luxus solltest du dir erstmal erarbeiten. Damit dein Projekt über Google neue Interessenten erreicht, braucht es viel Inhalte, die alle miteinander verknüpft, aufeinander aufgebaut und gründlich recherchiert sein sollten. Diese Arbeit kostet Zeit und wird dir noch keine Einnahmen bescheren.

Kapitel 6: Google ist dein Freund

Es gibt zahlreiche Tools, um deine Website zu analysieren. Die Tools kosten Geld, aber ich will dich ohne finanzielle Mittel zum Erfolg führen. In erster Linie solltest du die ersten Gewinne deines Projekts immer wieder in dieses investieren, um deine Infrastruktur zu verbessern.

Für die ersten Zahlen über deine bisherige Arbeit empfehle ich dir Google Analytics und die Anmeldung in der Google Search Console. Beide Tools lassen sich datenschutzkonform und kostenlos auf jede Art von Website einbinden.

„Der Blick auf die Zahlen gehört nun zu deinen Tagesaufgaben.“

Ich schaue gerne auf die Zahlen, denn die haben eine stärkere Aussagekraft als die generierten Einnahmen. Die Zahlen zeigen dir das Potenzial deines Projekts und geben Auskunft über deine aktuelle Position bei Google. Gleichzeitig kannst du die Herkunft deines Traffics bestimmen. Dies hilft dir bei der Erkenntnis, ob die von dir genutzten Social-Media-Kanäle die gewünschten Ergebnisse erzielen oder du deinen Fokus anders ausrichten solltest.

6.1 Google Search Console

Die Google Search Console hilft dir, damit deine Website schnell im Index landet. *Der Google-Index bezeichnet den Pool von Websites, der in den Suchergebnissen auftaucht.* Wenn du das erfolgreich gemacht hast, dann solltest du dir die verschiedenen Funktionen anschauen, denn nun siehst du ganz genau, wonach deine Zielgruppe sucht. Unter dem Punkt *Suchanfragen* kannst du sehen, zu welchem Suchbegriff deine Website bei Google angezeigt wurde, auf welchem Platz sie sich dort befand und ob dieser Suchbegriff zu einem Klick auf deine Website geführt hat. Daraus kannst du ableiten, ob du zu weit unten bei Google zu deinen relevanten Suchbegriffen gefunden wirst oder ob du zwar angezeigt wirst, aber keinen oder wenige Besucher generieren konntest.

Ein Beispiel:

Du bietest auf deiner Website Reiserucksäcke an. Du siehst, dass jemand *Reiserucksack Produkttest* gesucht hat. Deine Website wurde mehrfach auf der Position 5 angezeigt, aber niemand hat auf deine Website geklickt. Dies kann bei dir mehrere Arbeitsschritte auslösen. Zum einen solltest du dir die Plätze 1-4 anschauen, denn die gilt es bei deinem Thema zu überholen. Eine andere Methode wäre die Optimierung deiner Meta-Angaben. Setze Symbole und Emojis, sowie eine überzeugende Call-to-Action ein, damit die Suchenden doch auf deine Seite klicken. Wenn du zu dem Keyword gefunden werden willst, dann solltest du viele Produkttests über Reiserucksäcke veröffentlichen. Am besten sehr ausführlich, vergleichbar und mit aussagekräftigen Bildern und Videos. Du kannst immer im Wechsel Optimierungen durchführen und die Ergebnisse in den Zahlen verfolgen. So wird sich deine Website schrittweise verbessern und du lernst deine Zielgruppe immer besser kennen.

6.2 Google Analytics

Google Analytics gehört auch in die große Reihe der kostenlosen Tools, welche uns von Google zur Verfügung gestellt werden. Mit Google Analytics kennen wir unsere Besucher:innenzahlen und können vor allem Besucher:innenströme auswerten. Hier finden wir Antworten auf viele wichtige Fragen, die für den Erfolg eines Projektes zwingend notwendig sind.

Wichtig ist, dass du nicht nur auf die Zahlen deiner Website-Besucher:innen schaust, sondern mehr Kennzahlen sinnvoll auswertest. Dein Projekt sollte immer definierte Ziele besitzen, sodass du daran den Erfolg deines Projektes messen kannst. Wenn du zum Beispiel E-Mail-Adressen für einen Newsletter sammeln möchtest, dann kann die Anmeldung deiner Besucher zu deinem Newsletter als erfolgreiches Ziel bei Analytics angelegt werden. Hierzu gehst du in den Bereichen der Ziele und legst einen Pfad an. Wenn dieser Pfad komplett durchlaufen wurde, dann zählt Google Analytics automatisch dieses Ereignis und gibt dir eine Zahl erfolgreich abgeschlossener Ziele heraus. Daraus kannst du schließen, dass du nach dem Besuch von nur 100 Personen vielleicht dennoch 70 Anmeldungen bekommen hast. Dies würde eine herausragende Conversion-Rate von 70% bedeuten und wenn du die hast, dann verhilft dir auch eine kleine Schar an Interessenten zu einer wertvollen E-Mail-Liste.

Unter dem Reiter *Verhalten* siehst du deine Zielseiten, also die Seiten, welche über Suchmaschinen direkt angeklickt wurden. Dadurch lassen sich die erfolgreichsten Beiträge und Seiten eines Blogs ablesen. Wenn ausgerechnet diese Seiten keine lohnenden Ziele auslösen würden, dann müsstest du diese noch reparieren und optimieren.

Ein Beispiel:

Ich habe erst sehr spät auf Google Analytics gesehen, dass ein Artikel über die Reihenfolge der Marvel-Serien auf *Netflix* beinahe 80% des Traffics auf meinem Comic-Blog ausmacht. In diesem Artikel gab es keine Werbeanzeigen, keine Affiliate-Links auch sonst keine Möglichkeiten mit dem Traffic auch Geld zu verdienen. Dies habe ich dann umgestellt und verdiene seit einigen Jahren mit diesem Artikel nun auch Geld.

Neben den Zielseiten sind Ausstiegsseiten ein wichtiger Faktor für deine Analysen. Die Zielseite ist die erste Seite auf deiner Website, die ein User aufgemacht hat. Die Ausstiegsseite ist die Seite, auf die der User war, als er die Seite verlassen hat.

Wenn die Ausstiegsseite sich vor der Zielseite befindet, dann musst du diese Seite dringend bearbeiten. Wenn aber die Ausstiegsseite gleichzeitig für Abschlüsse sorgt, dann musst du nicht viel Zeit in die Seite investieren. Das ist ähnlich wie bei dem Kunden in einem Supermarkt, denn auch der verlässt irgendwann den Laden, aber hat vorher an der Kasse hoffentlich etwas gekauft.

Kapitel 7: Jetzt verdienst du Geld

Nun sind wir schon im Kapitel 8 und ich freue mich, dass du noch immer am Ball bist. Ich hoffe doch sehr, dass du mittlerweile eine eigene Seite im Internet hast und dich nun fragst, wie du das Ganze nun monetisieren kannst. Natürlich nehme ich dir hier auch gleich die Hoffnung, dass du jetzt schnell reich werden kannst. Es ist unglaublich viel Arbeit, bis du mit deinen Einnahmen deine Ausgaben ausgleichen kannst, doch vielleicht gelingt dir auch der eine große Knaller, mit dem du sofort durchstarten kannst.

In den folgenden Abschnitten zeige ich dir viele Wege auf, welche für Einnahmen sorgen können. Alle Methoden wende ich seit Jahren auf meinen Projekten an. Ich habe mir so viele Blogs und Projekte aufgebaut, die alle einen großen Haken haben. Ich habe durch diese Vielzahl an Blogs eines nämlich ständig vernachlässigt: Die Fokussierung, beziehungsweise die Spezialisierung. Mit dem Ziel jedes Thema mit einem Blog abzudecken, habe ich keine klassische Nischenseite im Angebot, doch auch die Breite der Themen bringt mir regelmäßige Einnahmen. Manche Einnahmen sind mit viel Arbeit verbunden, andere laufen völlig automatisch und regelmäßig und andere benötigen saisonale Pflege. In den nächsten Kapiteln geht es nun um das Thema dieses Buchs. Wir wollen mit unserem Projekt im Internet endlich Geld verdienen und dies kann über verschiedene Wege funktionieren. Jeder Publisher muss seinen eigenen Weg finden, denn dieser kann sehr verschieden sein.

7.1 Kooperationen und Werbung anbieten

Einer meiner ersten Schritte bei der Erstellung oder Eröffnung eines Blogs ist die Seite *Kooperationen*. Ich gehe ab dem ersten Artikel offen mit dem Thema um und zeige meine Offenheit gegenüber Kooperationen. Ich möchte, dass wenn Kooperationspartner auf die Suche gehen, dass diese mich zu jederzeit finden. Denn „leider" ist es noch heute so, dass auch größere und bekanntere Marken die Qualität eines Blogs nicht erkennen können. Es scheint oft so, als wenn keine besondere Bedeutung der Sichtbarkeit einer Website zugesprochen wird, doch die entscheidet eigentlich über den Erfolg oder Misserfolg einer Kooperation. Die Optik einer Website überzeugt bis heute auch große Unternehmen und sorgt für die ein oder andere lukrative Anfrage.

Eine Kooperation zwischen Unternehmen und Blogger:in kann doch nur dann als erfolgreich gelten, wenn das Unternehmen mit Hilfe einer Zusammenarbeit entweder mehr Produkte oder Dienstleistungen verkauft oder ein positiver Effekt der Marke erzielt werden kann. Es hilft dem Unternehmen in der heutigen Zeit nur wenig, wenn kleine unprofessionelle Blogs mit wenig Sichtbarkeit über ein Unternehmen schreiben. Natürlich spielt hier der *Backlink* wieder eine große Rolle, doch die Wirkung schwacher Backlinks verliert immer mehr an Bedeutung. Ein Blog ohne Leser oder ohne Community kann die Interaktionen nicht auslösen, welche am Ende zu einer Conversion führen. Jedoch wirst auch du bei einem optisch ansprechenden Blog mit einigen großartigen Texten verwundert sein, wenn du nach kurzer Zeit einige Anfragen von bekannten Marken bekommst. Entweder passiv via E-Mail in deinem Postfach oder du hast Erfolg bei der aktiven Akquise.

7.2 Werbebannerplätze anbieten

n jedem Blog kann es verschiedene interessante Bannerplätze geben, die ihr natürlich anbieten könnt. Ich handhabe es immer so, dass meine Banner in der rechten Sidebar neben den Bog-Artikeln erscheinen. Um meine Nutzerzahlen zu beschönigen, habe ich nur eine Sidebar und diese wird wirklich neben jedem Artikel angezeigt. Dies bedeutet, dass wenn ein Artikel beinahe alleine für den Traffic zuständig ist, ich dem Werbetreibenden sagen kann, dass der Banner dementsprechend viele Impressionen generiert, weil er eben neben jedem meiner aktuellen und zukünftigen Blog-Artikel erscheinen wird. Gerade dieses suggerierte Wachstum, welches ich natürlich nicht vorhersehen kann, lässt mich viele Kooperationen abschließen.

In meinem Fall entscheiden die Firmen sogar richtig, denn jeder meiner Blogs soll auch in Zukunft noch wachsen und enthält nicht nur bezahlte Beiträge, sondern immer wieder beschäftige ich mich mit relevanten Themen, die jährlich wiederholt gesucht werden.

Der Preis für einen Werbebanner ist unterschiedlich. Natürlich richtet sich der Preis nach den Impressionen, also den Zugriffszahlen eures Blogs. Im besten Fall handelst du den Preis aus, welchen du persönlich für angemessen erachtest. Bei der ersten Anfrage solltest du bescheiden sein, denn ab dem zweiten Banner werden die Verhandlungen bereits einfacher, denn dein zukünftiger Kooperationspartner:innen wird bestehende Banner wahrgenommen haben und kann sich dabei auch denken, dass jemand bereit war, diesen Preis zu bezahlen.

Kleinen Trick:

Wenn du in deinem Freundeskreis eine:n passende:n Unternehmer:in kennst, der für deine Leser:innen interessant sein könnte, dann verschenk den ersten Bannerplatz an eine:n Freund:in

Der Banner muss die Interessen und Bedürfnisse deiner Leser:innen abbilden, denn der Erfolg eines Banners misst sich an den generierten Klicks.

Du kannst schlecht auf einem Ratgeber-Blog über Waschmaschinen die Werbung für ein Auto schalten. Damit verwirrst du deine Leserschaft und zeigst offen, dass du bei den Werbeangeboten nicht auf den Kontext schaust. Dies ergibt kein angenehmes Erscheinungsbild. Du wirst während deines Daseins als Blogger:in viele Aufträge ablehnen müssen, weil diese nicht legal oder unpassend sein werden. Jede Absage bestärkt dich aber, dass es Menschen gibt, die deinen Blog für eine effektive Werbeplattform halten. Die lohnenden und passenden Angebote werden dich bald auch erreichen.

Auch wenn ich erst in einem der nächsten Abschnitte genauer auf das Thema „Affiliate-Marketing" eingehe, solltest du dies bereits jetzt festhalten:

„Es gibt Möglichkeiten im Affiliate-Marketing, um sofort namhafte Unternehmen als Werbepartner zu gewinnen."

Dies führt dazu, dass dein Blog direkt größer erscheint als er wirklich ist. Auf meinem ersten Blog mit monetären Einnahmen ging es um Sport und durch die Affiliate-Programme der bekanntesten Hersteller für Sportbekleidung sah es bereits nach wenigen Beiträgen so aus, als hätten die größten Unternehmen dieser Branche den Wert meines Blogs bereits erkannt. Damals wurden die Bewerbungen sofort freigeschaltet und die Logos der bekannten Marken tauchten unter meinen Werbepartnern auf. Über diesen Weg kam ich immer den Zugang zu hochwertigem Bildmaterial, die meine Artikel aufgewertet haben.

7.3 Bezahlte Artikel schreiben

Wenn du den Auftrag bekommst, für ein Unternehmen einen Artikel zu schreiben und der Inhalt würde thematisch auch zu deinem Blog passen, dann sind hier ein paar Hilfestellungen von mir:

Qualität muss stimmen

Ich habe mal die Büchse der Pandora geöffnet und im Themenfeld der Mütter nach Kooperationspartnerinnen für eine Kundin gesucht. Während dieser Suche habe ich die abscheulichsten Blogs, Texte und Bilder gesehen. In der heutigen Zeit ist die Erstellung eines ansprechenden Blogs ein Kinderspiel. WordPress bietet so viele optisch ansprechende Designs an, welche für ein reines Blog-Layout mehr als ausreichend sind. Die Smartphones bringen eine hochauflösende Kamera mit, so dass es nur noch eine Frage des Lichts ist, ob du schöne oder schreckliche Bilder machst. Auch wenn ich lieber direkt in WordPress meine Artikel schreibe, weil ich dann die Formatierungen in einem Wisch durchführen kann, sollten Blogger:innen mit niedrigem Wissenstand über die deutsche Sprache auf die Rechtschreibprüfung in einem Schreibprogramm zurückgreifen. In diesem Buch wirst du bestimmt einige Fehler finden, weil ich das Buch auf der Couch, in der Bahn, an der Haltestelle und im Bett geschrieben habe, dennoch werden sich die Fehler in Grenzen halten. Eine:n professionelle:n Lektor:in werde ich mir für mein zweites Buch nur dann anschaffen, wenn dieses Buch ordentlich gekauft wird. Das klingt für dich als Leser:in jetzt unfair, aber dafür wird es dann all die Goodies in Form von kostenloser Beratung nicht mehr geben.

Die Optik ist wichtiger als die Sichtbarkeit

Mit einigen Thesen habe ich mich bislang in diesem Buch sehr weit aus dem Fenster gelehnt. Jedoch stehe ich voll und ganz dazu, dass du mit einer ansprechenden Optik schneller im Internet Geld verdienen kannst, als wenn du bei schlechter Optik gute Zahlen präsentierst.

Nutz ein optisch ansprechendes Template, schreib saubere Texte mit Zwischenüberschriften und binde jeweils ein schönes Foto ein und wiederhol diese Schritte mehrfach, dann funktioniert es bereits mit den ersten Anfragen.

Ich kenne nicht alle Werkzeuge der Agenturen, die für die Suche nach „geeigneten" Blogs genutzt werden, aber selbst große Agenturen mit bekannten Marken kratzen oft nur an der Oberfläche. Anders kann ich mir die Vielzahl der Anfragen seit Jahren nicht erklären. Es haben sich in den letzten Jahren kaum Agenturen für die Zahlen meiner Projekte interessiert und diese erfragt. Manche Agenturen haben seit Jahren die gleichen Listen mit den Links zu meinen Blogs vor sich liegen und buchen fleißig neue Kooperationen. Selbst auf den Projekten, auf denen seit Monaten kein weiterer Artikel seit der letzten Kooperation geschrieben wurde, werden weitere Kooperationen zu fairen Preisen gebucht. Ich glaube noch immer, dass die Optik meiner Blogs einer der Schlüssel zum Erfolg ist.

Links in bestehende Artikel einbauen

Google ist nicht doof. Nimm niemals Anfragen an, die dich dazu veranlassen sollen, dass du einen Link in einen bestehenden Blog-Artikel einbaust. Deutlicher kannst du dich nicht outen, dass dir jedes Mittel recht ist, um ein paar Euros mit deinem Blog zu verdienen. Diese Anfragen solltest du bei jedem Angebot einfach ablehnen oder einen Gegenvorschlag machen.

Schreib einen neuen Artikel und verlinkt aus dem alten Artikel auf diesen neuen Artikel mit dem neuen Link. Dies stärkt auch den alten Artikel, denn er zeigt Google, dass der Inhalt dieses Artikels noch relevant ist, auch wenn der Beitrag schon einige Jahre auf dem Buckel hat. Wenn du solch ein Angebot aber unbedingt annehmen willst, dann schreib ein großes Update für den Artikel und setz in dieses Update den Link ein. Updates sind ein effektives Werkzeug, um ältere Artikel mit viel Traffic noch erfolgreicher zu machen.

Meist sind die gebotenen Preise es auch nicht wert, denn die Arbeitszeit wird dir als Argument für den kleinen Preis genannt, aber das Risiko zahlt euch kein:e Kooperationspartner:in, wenn ihr dann durch Google abgestraft werdet.

Aufbau eines bezahlten Artikels

Eine zu dir passende Kooperation ist dadurch erkennbar, dass du die Werbung für ein Produkt oder eine Dienstleistung mit eigenen Erfahrungen und Problemen gestalten kannst. Ich schreibe meine Artikel immer mit einem persönlichen Bezug. Eine Mischung aus Neugier, offenen Fragen, erlebte Situationen oder die konkrete Beschäftigung mit einem angesagten Thema. Dies sind alles Herangehensweisen, mit denen du authentische und lesenswerte Artikel im Rahmen einer bezahlten Kooperation schreiben kannst.

Halte die klassische Gliederung immer ein. Diese hilft den interessierten Leser:innen bei dem berühmten Querlesen und unterstützt die Entscheidung deinen Artikel zu lesen oder eben nicht. Die klassische Gliederung besteht aus drei Teilen:

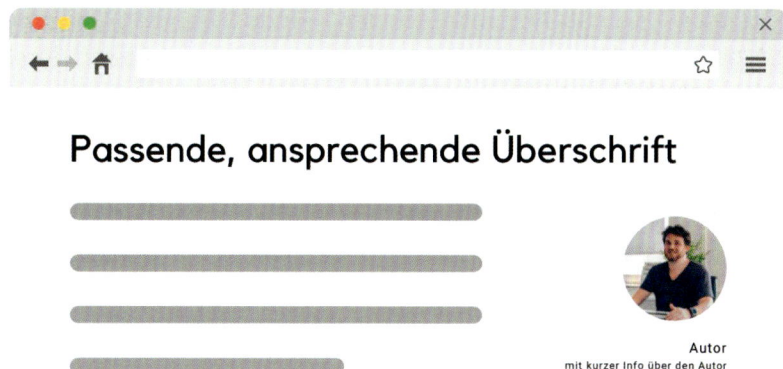

Passende, ansprechende Überschrift

Autor
mit kurzer Info über den Autor

1. Einleitung

In der Einleitung geht es um die Motivation für die Erstellung des Textes. Beschreibe, welche Fragen du in dem Artikel beantworten oder welche Probleme du lösen wirst. Gib einen Ausblick auf die Inhalte des gesamten Textes. Du kannst auch bereits das Fazit, welches im Schluss platziert wird, ein wenig anreißen.

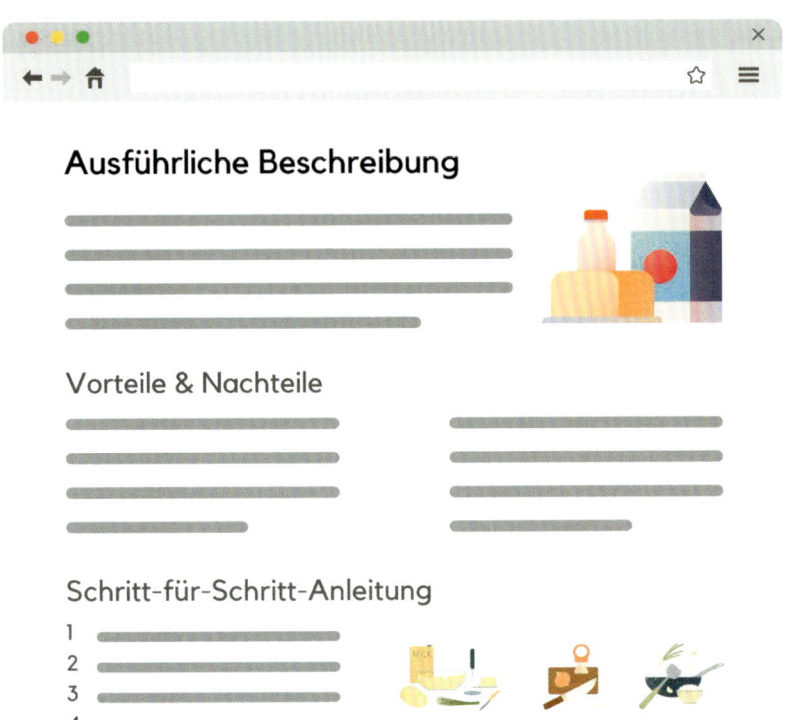

2. Hauptteil

Der Hauptteil beschäftigt sich mit dem Produkt oder der Dienstleistung in all seinen Facetten. Eine ausführliche Beschreibung, die Vorteile und Nachteile, Anwendungsbeispiele und Zielgruppen sind einige Tipps für den Hauptteil eines Blog-Artikels. Hier ist auch Platz für Aufzählungen und Anleitungen (z.B. Schritt-für-Schritt-Anleitungen).

Problemlösung

▬▬▬▬▬▬▬▬▬▬▬▬▬▬▬▬▬▬
▬▬▬▬▬▬▬▬▬▬▬▬▬▬▬▬▬
▬▬▬▬▬▬▬▬▬▬▬▬▬▬▬▬▬▬
▬▬▬▬▬▬▬▬▬▬▬▬

★★★★★
★☆☆☆☆
★★★★☆
★★★☆☆

Jetzt Produkt testen!

Schreibe einen Kommentar!

3. Schluss

Im Schluss steht das Fazit. Dort steht eine Zusammenfassung, ein Ergebnis, die Problemlösung oder die Bewertung eines Produktes oder einer Dienstleistung. Auf vielen Blogs bietet es sich an, dass du für das Fazit klar definierte Kategorien für eine Bewertung erarbeitest. Wenn die Kategorien feststehen, dann lassen sich deine Bewertungen vergleichen und darauf kommt es bei Produkttests doch schließlich an.

Ein weiterer Inhalt für den Schluss ist die berühmte „Call to Action" (CTA). In meinen Blogs stelle ich am Ende des Textes immer ein paar Fragen, um die Leser:innen zu einem Kommentar zu bewegen. Viele Kommentare unter deinen Blog-Artikeln signalisieren nämlich anderen Leser:innen, dass der Artikel von vielen gelesen und positiv wahrgenommen wird. Um die Zahl der Kommentare zu erhöhen, empfehle ich dir auf jeden Kommentar zu antworten.

7.4 Google AdSense

Bei Google AdSense handelt es sich um das Thema, welches ich in meinen Kursen mehrfach erklären muss. Google AdSense bietet eine Möglichkeit für Publisher, dafür Geld zu verdienen, dass Google vorgegebene Bannerplätze automatisiert mit Werbung füllt und du dann entlohnt wirst, wenn die Leser:innen auf eine Werbeanzeige auf deiner Website klicken. Die Werbung, welche im Rahmen von Google AdSense auf deinem Blog ausgespielt wird, wurde vorher von einem Werbetreibenden bei Google Ads erstellt. Du kannst dir das offizielle Plugin herunterladen und auf jeder Seite deines Blogs die Werbeplätze definieren, in dessen Rahmen die automatisierte Werbung abgespielt wird. Dies geht so weit, dass dann auch das Re-Targeting auf deinem Blog zum Einsatz kommen kann. Dies bedeutet, dass wenn sich dein Website-Besucher vorher ein Produkt bei Amazon angeschaut hat, dass er genau dieses Produkt in den Werbeplätzen deines Blogs wiederfinden kann. Dies steigert die Wahrscheinlichkeit, dass ein Klick ausgelöst wird. Der Vorteil für dich ist, dass ihr für den Klick und nicht für den Kauf des Produktes bezahlt werdet.

Ich habe mehrfach mit diesem System gespielt und meine Lehren daraus gezogen. Da diese Werbung von einem AdBlocker geblockt wird und gleichzeitig die Geschwindigkeit deines Blogs beeinflussen kann, habe ich mich eines Tages von dem Programm wieder verabschiedet. Erst im Herbst 2020 habe ich Google AdSense wieder auf all meinen Blogs aktiviert, denn damals hieß es, dass es ein negativer Rankingfaktor für die Sichtbarkeit bei Google sei. Dies ist auch nicht mehr der Fall und ich erfreue mich aktuell an meinen täglichen Einnahmen über AdSense. Ich beobachte gerne das Verhalten der Nutzer auf meinen Blogs. In der Werbeanzeigen-Bibliothek kannst du dir all die Werbung ansehen, die auf deinem Blog geschaltet wurde. Es ist sehr interessant und du kannst über die Gestaltung von Werbeanzeigen viel lernen.

Es lohnt sich auch erst dann, wenn ihr entweder eine große Anzahl an Website-Besucher:innen aufgebaut habt oder eure Nische sich in einem Themengebiet (z.B. Finanzen, Immobilien, Gaming) abspielt, in denen

Klicks auf eine Werbung auch eine ordentliche Summe einbringen. Die Erlöse für einen Klick orientieren sich nämlich anhand des Wertes für das Keyword, welches der Werbetreibende ausgeben muss, um die Werbung schalten zu können. In den Bereichen Finanzen, Gesundheit und Games bekommt ihr schon mal ein oder zwei Euro pro Klick, aber in anderen Bereichen auch mal nur ein paar wenige Cents. Um deinen aktuellen Job zu kündigen wird es anfangs also nicht reichen, sodass du das Benutzererlebnis auf deinem Blog am Anfang nicht durch zu viel Werbung schmälern solltest. Wenn du aber eine treue Leserschaft aufgebaut hast, dein Blog zu einer Marke geworden ist oder du mit starken Suchbegriffen hohe Rankings erkämpft hast, dann probiere es doch einfach mal aus.

Ich habe gerade im Bereich der Games gute Erfahrungen gemacht, denn dort habe ich horizontale Banner mitten im Textbereich freigegeben. Wenn ich dann über ein Online-Spiel geschrieben habe, wurden animierte Banner mit Spielszenen ausgespielt, die viele Gamer zu einem Klick animiert haben. Es sah so aus, als konnten die Leser:innen in dieses Spiel eingreifen, aber sie lösten mit einem Klick nur eine Einnahme in Höhe von bis zu 3 € aus, welche ich mir gerne überwiesen lies.

Mein Immobilien-Blog überrascht mich auch manchmal mit Einnahmen von circa 2 € pro Klick. Hier sind die Werbetreibenden auch sehr clever, denn diese werben für ihre Immobilienportale mit Suchmasken, die kostenlose Immobilienbewertungen und Immobiliensuchen versprechen. Da mein Blog genau diese Zielgruppe anspricht, bekomme ich täglich diese Klicks und auf der Seite lohnt sich der Einsatz von Google AdSense.

Um 2 € mit meinem Comic-Blog zu verdienen, brauche ich an manchen Tagen 15-20 Klicks, denn die Klickpreise in dem Bereich sind eher gering. Es gibt auch kaum Werbetreibende in diesem Themengebiet. Meistens sehe ich eher unpassende Werbeanzeigen auf dem Blog, aber durch den hohen Traffic summieren sich die niedrigen Klickpreise zu einer relevanten Einnahme für mein Blog-Business.

7.5 Amazon Partnerprogramm

Eines meiner liebsten Spielzeuge im Online-Marketing ist definitiv und wirklich ohne Zweifel das Partnerprogramm von Amazon. Dieses Affiliate-Programm ist das beste und spannendste Projekt, welches ich in all den Jahren auf meinen Blogs angewendet habe. Um dich dort anzumelden scrollst du bei Amazon ganz runter in den *Footer* und klickst auf *Partnerprogramm*. Führe dort die selbsterklärenden Schritte durch und wenn du dann zurück auf die *Startseite* von Amazon gelangst, findest du ganz oben im *Header* deine individuelle *Amazon PartnerNet Site Stripe.* Wenn du diese siehst, kannst du auf jeder Seite einen Link erstellen, der euch bei dem Kauf eines Produkts, durch einen Website-Besucher, eine Provision einbringt.

Du siehst oben links den Bereich *Link erstellen* und kannst entscheiden zwischen einem Text-Link, einem Bild mit Link oder einer Bild-Text-Link-Kombination. Ich nutze immer den Text-Link, denn die anderen Varianten können von einem AdBlocker blockiert werden. Wenn dies passiert, dann hast du sowohl keine Werbung im Artikel und auch noch Lücken durch die blockierten Bilder.

Wenn du einen Text-Link setzt, dann entscheidet die Formulierung über den Erfolg deiner Werbung. Hier einige nützliche Formulierungen für erfolgreiche Affiliate-Links:

- Aktuellen Preis erfahren
- Jetzt Preise vergleichen
- Preise auf Amazon vergleichen
- Hier direkt kaufen
- Jetzt sofort bestellen

Die Formulierungen vermischen die direkte Kaufabsicht mit der eventuellen Recherche-Absicht deiner Leser:innen. Erst informierst du über ein Produkt, löst eine Kaufabsicht aus und schickst deine Leser:innen auf die entsprechende Verkaufsseite auf Amazon.

Anders als bei Google AdSense bekommst du für den reinen Klick zwar kein Geld, aber ich erkläre dir jetzt die vielen Vorteile.

Egal zu welchem Produkt oder zu welcher Seite auf Amazon dieser Link führt, es speichert sich für einige Tage ein Cookie auf dem Endgerät des Website-Besuchers und du bekommst die Provision in diesem Zeitraum für alle gekauften Produkte. Dies geschieht so lange, bis der Cookie abläuft oder durch einen anderen Amazon-Cookie überschrieben wird. Selbst wenn die Leser:innen in der Zwischenzeit nicht mehr bei Amazon stöbern, aber nach einigen Tagen wiederkommen und der Cookie aktiv ist, bekommst du noch Provisionen auf alle gekauften Artikel.

Der größte Vorteil an dem Amazon Partnerprogramm ist allerdings, dass ihr den Interessenten in eine gewohnte Kaufumgebung schickt. Bei Amazon hat der Interessent bereits eingekauft und im Bestfall schon ein Vertrauen aufgebaut, welches er auf unbekannten Online-Shops eher nicht hat. Die Wahrscheinlichkeit einen Kauf bei Amazon auszulösen ist riesig. Die Höhe der Provision ist von Kategorie zu Kategorie verschieden. Dies müsst ihr nach dem Kauf dieses Buchs am besten mal recherchieren, denn die Höhe der Provisionen verändert sich manchmal.

Das Amazon-Partnerprogramm funktioniert langfristig als Teil von ewig sichtbaren Artikeln auf deiner Website. Es kann auch kurzfristig bei Live-Events im Fernsehen auf Social Media eingesetzt werden. Beide Varianten findest du in den nun folgenden Amazon-Erfolgsgeschichten.

Amazon-Partnerprogramm-Erfolgsgeschichten:

Geld verdient mit Stefan Raab

Ich habe vor einigen Jahren *Schlag den Raab* live im Fernsehen gesehen. Eines der Spiele trendete plötzlich bei Twitter, weil alle Zuschauer:innen begeistert waren. Ich besaß dieses Spiel. Schnell runter von der Couch, den Laptop angeschmissen, Fotos gemacht, kleines Video gedreht, Text geschrieben, online gestellt, getwittert und bequem von der Couch Geld verdient. Die Zuschauer:innen haben Amazon an dem Abend leer gekauft und der Großteil kam über meinen Blog.

Mit #DHDL live Geld verdienen

Dies wiederholte sich mehrfach bei *Schlag den Raab*. Später bei *Die Höhle der Löwen* (DHDL) lief es anfangs ähnlich, denn viele der Produkte gibt es am Tag der Ausstrahlung längst bei Amazon zu kaufen.

Der Artikel verkauft, verkauft und verkauft

Eine Kundin hat vor Jahren kurzzeitig mit der Contunda GmbH gearbeitet. Wir haben ihre Hautcreme zu Amazon gebracht und dort als Prime Produkt listen lassen. Es gab einen bestimmten Anwendungsbereich für Sportler:innen, mit dem die Kundin nicht in Kontakt gebracht werden wollte. In einem meiner Blogs habe ich mich mit dieser Anwendung intensiv beschäftigt und verkaufe das Produkt bis heute sehr erfolgreich über das Amazon-Partnerprogramm. Der besagte Artikel erschien am 03. April 2014 und verkauft bis heute. Wenn das kein passives Einkommen ist, dann weiß ich auch nicht.

Fensterputz ist zwei Mal im Jahr – Ole Ole und Schalalaa

Der Frühjahrsputz und das Weihnachtsfest sind die Momente, in denen die Deutschen nach Tipps zum Fensterputz suchen. Bei mir im Immobilien-Blog werden sie fündig und die Hilfsmittel kaufen sie anschließend bei Amazon. Seit dem 30. Mai 2014 schreibe ich allerdings immer mal wieder kleine Updates, aber der Aufwand lohnt sich bei den Einnahmen.

7.6 Affiliate-Partner

Die Suche nach dem geeigneten Affiliate-Partner ist schwierig, denn es gibt viele Anbieter und verlockende Angebote. Doch wenn du viele Produkte verkaufen willst, dann solltest du dir folgendes Szenario vorher genau überlegen: Hast du die Ideen für eine langfristige Beschäftigung mit diesen Produkten?

Wenn du **Ja** sagst, dann hast du den richtigen Partner gefunden.

Bei einem **Nein**, dann geht deine Suche weiter.

In einigen Bereichen kann sehr viel Geld mit dem richtigen Affiliate-Partner verdient werden. Gerade in dem Bereich „Finanzen" kannst du bei einem erfolgreichen Vertragsabschluss eine hohe Provision erwarten. Verträge sind ein beliebtes Medium im Affiliate-Marketing, wie zum Beispiel Versicherungen, Stromanbieter oder Mobilfunkverträge. Auch hier gilt wieder, dass du damit keine Nische bedienst, wenn du dein Thema nicht noch weiter eingrenzt.

Dies bedeutet zum Beispiel, dass wenn du dir Einnahmen mit dem Abschluss von Mobilfunkverträgen erhoffst, dass du dir eine bestimmte Zielgruppe erarbeitest, denen du diese Verträge verkaufen willst. Vielleicht wäre deine Zielgruppe der Geschäftsmann, der während langer Fahrten mit der Bahn viel Datenvolumen benötigt. Es kann auch der Mensch sein, dem die Gesprächsqualität wichtiger ist, sodass du hier die Anbieter nach diesem Faktor analysierst und vorstellst. Mit den Keywords *billiger*, *Vergleich* und *günstig* hast du es deutlich schwerer, als wenn du die Suchbegriffe mit spezifischen Begriffen einer vorher ausgearbeiteten Zielgruppe erweiterst. Grenze daher das Thema so ein, dass du nur bestimmte Menschen mit einem gemeinsamen Problem oder Bedarf ansprichst. Dein Thema sollten nicht die „billigen Smartphones" sein, sondern die „preiswerten Smartphones für Vielreisende". Dies ist eine klassische Nische, die mit vielen Inhalten gefüllt werden kann.

Natürlich kannst du hier auch rumprobieren bzw. verschiedene Partner ausprobieren, aber irgendwann musst du dich spezialisieren und dann dieses Produkt immer wieder bewerben und es den Lesern präsentieren.

Du findest Affiliate-Partner:innen auf großen Portalen oder aber meistens im Footer einer Website. Der Footer ist der letzte Sockel einer Website, wenn du ganz nach unten gescrollt hast. Ich suche meistens immer bei Google nach „[Firmenname] Affiliate" oder „[Firmenname] Partnerprogramm". Wenn die entsprechende Firma dies anbietet, dann wirst du schnell fündig.

7.7 Aktive Suche nach Kooperationspartnern

Wenn dir nach all der Arbeit auffällt, dass du das Thema „Influencer-Marketing" nicht ausführlich behandelt hast. Ich, Burkhard Asmuth, habe bislang wenig über Influencer-Marketing gesprochen, doch die reichweitenstarken Accounts im Social Media sind nicht ohne Grund gern gesehene Kooperationspartner:innen für große Marken. Ich beschreibe in meinem Buch beinahe schon wieder klassisches Marketing. Mein Fokus ist das Geld verdienen mit organisch sichtbaren und erfolgreichen Artikeln. Für die meisten Blogger:innen und Unternehmer:innen ist dies auch der richtige und vor allem bezahlbare Weg, um sich im Internet etwas aufbauen zu können.

Ich habe großen Respekt vor all den Autoren, die ständig neue Bücher über das Online-Marketing auf den Markt schmeißen. Ich schreibe dieses Buch in meiner wenigen Freizeit und habe die Strategie dahinter mehrfach verändert. Bestimmt hast du das Buch nicht von mir geschenkt bekommen. Dies bedeutet dann, dass nicht nur Menschen dieses Buch lesen, die mich persönlich kennen. Ein großer Erfolg für mich! Solltest du das Buch in einem Bücherschrank gefunden haben, dann melde dich bitte bei mir und nenne mir die entsprechende Stadt.

Nun werde ich mich aber auf das Kapitel hier konzentrieren:

Wenn du aktiv nach einem Kooperationspartner:innen suchst, dann erhoffst du dir positive Effekte für dein Projekt oder Business. Dein anvisierter Kooperationspartner muss zu deiner Leserschaft passen. Im besten Fall hast du bereits über Produkte dieses Partners geschrieben und schickst ihm deine Artikel für die Basis einer Zusammenarbeit.

Ein Beispiel:

In meinem Comic-Blog habe ich einige Comics rezensiert. Irgendwann habe ich dann eine Auswahl der Rezensionen an einen Verlag geschickt und bekam dann Rezensionsexemplare. So habe ich zwar nicht direkt Geld verdient, aber die Kosten für den Kauf der Comics gespart. Mit diesen Rezensionen verkaufe ich die Comics dann mit Hilfe von Affiliate-Links.

In deinem Anschreiben an potenzielle Partner:innen solltest du den Mehrwert für beide Seiten herausarbeiten. Beschreibe deine genauen Ziele für diese Partnerschaft. Wenn du keine beeindruckenden Besucherzahlen auf deinem Blog vorweisen kannst, dann gehe damit ehrlich um und weise darauf hin, dass du aktiv an dem Blog arbeitest. Vielleicht kannst du positive Zahlen vorweisen, wenn du die Zahlen aus dem aktuellen Monat mit denen aus dem Vormonat vergleichst. Zusätzlich zu diesen Zahlen solltest du deine Social Media-Reichweite angeben. Dies können auch private Profile sein, denn auch ich habe am Anfang mein privates Facebook-Profil mit mehr als 1000 Kontakten dazugelegt.

„Spiel deine Trümpfe geschickt, aber fair aus."

Bei einer erfolgreichen Zusammenarbeit kommt es bei der Abwicklung einer Kooperation auf viele Faktoren an. Anhand meiner nun folgenden Punkte kannst du ab sofort ein **Briefing** erstellen. In diesem Dokument werden alle Punkte einer Zusammenarbeit festgehalten. Blogger:innen nennen dieses Briefing gerne **Media-Kit** und bauen sich dieses in einem ansprechenden Design.

Leistungen

Beschreibe ausführlich deinen geplanten Blog-Artikel. Wichtig ist, dass du darauf hinweist, dass der Blog-Artikel eine Mindestanzahl von Wörtern beinhaltet. Ich empfehle dir ein Minimum von 500-700 Wörtern, aber eindrucksvoll und interessant für Kooperationspartner:innen wird es bei Textlängen über 1000 Wörtern.

Einsatz von Medien

Wenn du Fotos oder Videos im Rahmen der Kooperation erstellst, dann schreib dies ebenfalls in dein Briefing hinein. Einige Beispiele solltest du vorzeigen können, damit die Qualität der Medien begutachtet werden kann.

Reichweite

Zähle all die Kanäle auf, die du für die Verbreitung des Artikels nutzen wirst. Ich habe am Anfang auch die Größe der Facebook-Gruppen angegeben, in denen ich die Artikel anschließend geteilt habe.

Forderungen

Trau dich auch deine Forderungen an die Kooperationspartner:innen zu stellen. Nenne einen Festpreis und schick ihm die Links zu seinen Produkten, die du zugeschickt haben willst.

Analyse

Stell deine:r Kooperationspartner:in eine Auswertung der Zusammenarbeit in Aussicht. Verschick nach ein bis zwei Monaten eine Auswertung über die erzielte Reichweite. Wenn die Zahlen positiv sind, dann kann sich daraus eine langfristige Zusammenarbeit ergeben.

Referenzen

Nenne beiläufig einige Referenzen ehemaliger Kooperationen. Gerade wenn es sich um Mitbewerber:innen handelt, steigen die Chancen. Dies kann allerdings auch zu Absagen führen, doch in manchen Bereichen ist es hilfreich. Wenn du bereits mit einem oder mehreren Buchverlagen gearbeitet hast, dann wäre es hilfreich diese anzugeben. Wenn du aber ähnliche Produkte eine:r Mitbewerber:in beworben hast, dann sind diese Angaben eher hinderlich.

„Je genauer und professioneller dein Briefing ist, desto größer die Erfolgschancen."

Dieses Briefing ist der professionelle Weg, um Kooperationen aufzubauen. Jedoch sind nicht alle Unternehmen auf diesem Gebiet ausreichend geschult. Manchmal können auch einfache Anfragen und die Beschreibung deines Vorhabens reichen, ohne die Angabe von Zahlen. Wenn die Idee stimmt und deine Website optisch überzeugt, dann kannst du das Briefing auch ohne Zahlen abschicken. Manchmal werden diese dann nachträglich angefordert, aber wirklich nicht immer.

Nun entlasse ich dich (fast) | Motivationsblock 3

Ich habe mir überlegt euch vor ein paar Ideen zu beschützen. Es gibt ein paar Branchen, die ich nicht mehr anfasse, wenn kein Team mit einer innovativen Idee und einem angemessenen Budget dahintersteckt. Darum hier einige schnelle Ansätze, Tipps und Strategien für schwierige Branchen.

Meine Chef-Lektorin ermahnte mich zwar, dass diese Warnungen nicht unbedingt zum Konzept des Buches passen, aber ich darf mir das doch in meinem eigenen Buch mal von der Seele reden, oder nicht Marie?

Schlüsseldienst

Ein Unternehmen im Bereich der Schlüsseldienste aufzumachen bedeutet leider Krieg. Die schwarzen Schafe der Branche stecken seit Jahren viel Geld in das Online-Marketing und bauen sich große Vermittlerportale auf. Um als Schlüsseldienst zu arbeiten reicht eine Amazon-Bestellung eines passenden Sets und schon geht es los.

Wenn deine Leidenschaft der Schlüsseldienst ist, dann sorge für aufklärende, informative und vertrauenswürdige Auftritte im Internet. Fang lokal in einem Gebiet an und stell dich in Form von Texten jedem Problem, welche du für deine Kunden lösen kannst. Echte Fotos, echte Referenzen und echte Daten im Impressum helfen dir weiter. Ich schreibe das mit dem Hintergrund von schlechten Erfahrungen und oft wollte ich nach Gesprächen meinem Gegenüber wirklich glauben. Ich bat ihn um Geduld, Zeit und natürlich um einen Budgetrahmen, um die viele Arbeit auf dem Weg in die Relevanz bewerkstelligen zu können. Es endete immer in einem Fiasko und wir werden diese Branche nicht mehr ohne passende Rahmenbedingungen anfassen.

Häufig fragen uns diese Menschen, ob wir auch Websites für Rohrreinigung, Kammerjäger und Autoverkauf machen. Eine bunte Mischung aus Berufen, die anscheinend keine besonderen Qualifikationen für ihre Ausübung brauchen.

Damit möchte ich diese Branchen nicht verallgemeinern, denn natürlich gibt es auch in diesen Berufen die weißen Schafe, die ein ehrliches Unternehmen führen.

Die Kopie von großen Ideen

Das Internet ist voll mit Kopien und ich habe über die dreisten Kopien von Instagram in diesem Buch geschrieben. Jedoch stecken milliardenschwere Konzerne hinter diesen Kopien. Bei uns fragten schon Interessenten nach einer Kopie folgender Ideen an:

- eBay
- Airbnb
- Amazon
- Netflix
- BlaBlaCar

Das Problem dieser Kopien ist häufig, dass Menschen ohne Plan und Kapital ein Stück vom großen Kuchen abhaben wollen. Die Software, um diese Plattformen aufzubauen kostet nicht viel Geld, aber nur weil jemand eine funktionierende Website mit den gleichen Funktionen besitzt, hat er noch keine Community, Nutzer:innen oder Käufer:innen. Um solche Kopien aufzubauen, braucht es eine Nische innerhalb des schon bestehenden Angebots. Es spricht nichts gegen eine Kopie, die es am Ende besser als das Original macht, aber bei den oben aufgezählten Beispielen wird es dann doch schwierig. Meine eigenen Projekte haben auch zum Teil große Vorbilder, aber eben auch eine eigene Note.

Meine Gründerstory

Jetzt kann ich die Katze endlich aus dem Sack lassen. Dieses Buch soll dir in erster Linie kein Geld einbringen, sondern dient einzig allein der Erfüllung meines großen Traums. Ich mache nur Spaß. Meine Tipps und Ratschläge können die Basis für ein Internet-Projekt sein, welches du mit viel Arbeit, Geduld, Fleiß und wunden Fingern zu einer lukrativen Einnahmequelle machen kannst.

Nun dauert es ab diesem Kapitel nicht mehr lange und dieses Buch geht in den Druck. Nun schreibe ich euch hier exklusiv meine persönliche Story über den Einstieg in die Selbstständigkeit. In Auszügen ist dies auf meiner Website, auf der Website von Contunda und in einem Interview bereits veröffentlicht worden, aber wenn ihr nun euer eigenes Projekt im Internet realisieren wollt oder bereits habt, dann findet ihr auch in diesem Kapitel hilfreiche Hinweise.

Alles begann im Jahr 2012 in einer Pommesbude in Essen-Altendorf. (Ich liebe diesen Beginn auf die Frage nach unserer Entstehungsgeschichte.) Ich traf dort einen Kumpel aus meinem früheren Sportverein. Ich spielte viele Jahre Prellball und werde diesen Sport hier nicht erklären. Bei Interesse verweise ich gerne auf YouTube. Dieser Kumpel hatte sich als Immobilienmakler selbstständig gemacht und ich bot ihm meine Hilfe an.

Während meines Studiums in Bochum habe ich nebenbei bei einem Kleinanzeigenportal im Online-Marketing gearbeitet und so meine ersten Erfahrungen in den Bereichen Suchmaschinenoptimierung und Social Media machen dürfen. Diese Erfahrungen wollte ich nun in die nagelneue Website des Immobilienmaklers einfließen lassen.

Ich sprach mit meinem späteren Geschäftspartner Julian Post über das interessante Projekt, denn er hatte ebenfalls einige Erfahrungen in diesen Bereichen sammeln können. Gemeinsam schauten wir uns die Internetseite an und fanden heraus, dass diese nur aus Bildern zusammengesetzt war. Dies bedeutete für Google, dass der Text innerhalb der Bilder nicht ausgelesen werden konnte und so war natürlich auch keine Möglichkeit gegeben an Sichtbarkeit zu gewinnen. Wir entschieden schnell, dass wir eine neue Website brauchen und recherchierten im Internet. Wir fanden eine Möglichkeit, um mit einfachen Mitteln eine Website zu gestalten und machten uns fleißig an die Arbeit. Mehr als 14 Stunden am Tag arbeiteten wir über zwei Wochen an einem kleinen Schreibtisch an der Website, bis wir diese schließlich präsentierten. Eigentlich erwartete der Immobilienmakler ein SEO-Konzept, doch wir zeigten unseren Entwurf für eine neue Website und verkauften diese erfolgreich und gingen mit einem Auftrag für die fortlaufende Betreuung nach Hause.

So optimierten wir fleißig weiter und brachten den Immobilienmakler mit den relevanten Suchbegriffen auf die erste Seite in den Suchergebnissen von Google. Der Erfolg und die ersten Anfragen kamen beim Kunden an und der war sehr begeistert. Diese Begeisterung schilderte er zwei weiteren Unternehmern und seiner Steuerberaterin und wir konnten die nächsten drei Aufträge eintüten.

Plötzlich arbeiteten wir für vier Kund:innen und dies ging ein halbes Jahr so weiter. Im September 2012 gründeten wir mit der Hilfe eben dieser Steuerberaterin die Contunda UG (haftungsbeschränkt) und bezogen im Dezember 2012 ein Büro in meiner Privatwohnung. Dort wuchsen wir immer weiter, stellten die ersten Mitarbeiter ein, bis wir zu fünft im Jahr 2016 in eine Büroetage in Essen-Rüttenscheid zogen. Dies sind die groben Eckdaten, doch jetzt kommen wir zu den wichtigen Erkenntnissen, die auch für dich wichtig sein könnten.

1. Selbststudium heißt das Zauberwort

Am Anfang haben wir uns unzählige Videos bei YouTube angeschaut, denn es war alles neu für uns und wir hatten uns mit dem Thema noch nie auf professioneller Ebene beschäftigt. Da wir aber direkt angefangen haben mit Kund:innen zu arbeiten, standen wir natürlich in der Pflicht und mussten schnelle Erfolge kreieren. Das Lernen können wir heute überall im Internet, denn jede Frage an Google wird uns mit teils hochwertigen Lösungen beantwortet. Dazu gibt es kostenlose Webinare im Internet und es gab eine Zeit, da war mein Kalender voll mit Terminen für Webinare, die sich kostenlos im Internet angeschaut werden konnten. Dazu besuchten wir jede Informationsveranstaltung zum Thema Online-Marketing, die wir finden konnten. SEO-Schulungen und Tool-Präsentationen nahmen wir alle mit und saugten die Informationen in uns auf.

Irgendwann stieß ich auf das Angebot der IHK, die Kurse für den Online-Marketing-Manager und den Social Media-Manager besuchen zu können. Bewaffnet mit einem Bildungsscheck besuchte ich den ersten Kurs und bezahlte direkt im Anschluss den zweiten Kurs. Nach jeder Session schulte ich Julian und die anderen Mitarbeiter:innen, so dass ich mich intensiv mit der Materie beschäftigen musste und gleichzeitig alle auf dem gleichen Wissensstand waren.

2. Das Spiel mit den Steuern

Einige Unternehmen gehen wegen der Steuerabgaben in die Knie. Darum bin ich bis heute glücklich und stolz über unsere fähige Steuerberaterin, die uns mit Rat und Tat unterstützt hat. Natürlich entstehen hier sofort Ausgaben, aber die lohnen sich langfristig sehr. Die Arbeit mit einem professionellen und erfahrenen Steuerberater geht weit über die Steuererklärung hinaus, denn auch das Wissen über passende Rücklagen für den Jahresabschluss und der Umgang mit der Lohnbuchhaltung war entscheidend für einen geregelten Geldfluss auf unserem Firmenkonto. Auch ein Blog mit geplanten Einnahmen muss angemeldet und angegeben werden. Darum informiert euch über eine passende Rechtsform für euer kommendes Unternehmen.

3. Floskel-Alarm

„Probieren geht über Studieren"

Das klingt erstmal lahm, aber all die neuen Informationen mussten wir in der Praxis ausprobieren und dies ist der Anfang meiner vielen Blog-Projekte im Internet. Wir testen neue SEO-Maßnahmen, übten den Erfolg verschiedener SEO-Texte und nutzen die vielen Testphasen sämtlicher Online-Marketing-Werkzeuge.

Wir arbeiteten sofort Vollzeit für Contunda. Mit *nur* vier Kund:innen aus verschiedenen Branchen und vorbestimmten monatlichen Stundenkontingenten blieben genug Stunden für Experimente übrig. Natürlich profitierten unsere ersten Kund:innen von vielen kostenlosen Stunden, weil wir Referenzen brauchten, um neue Aufträge zu genieren.

Genau aus diesem Grund verkauften wir in den ersten Monaten die Websites und die anschließende Betreuung für einen Hungerslohn, aber nur so konnten wir in kurzer Zeit sehr viele Referenzen vorweisen. Dies war dem Zustand geschuldet, dass wir keine großen Rücklagen hatten und direkt von dem Gehalt leben wollten und mussten.

4. Netzwerkveranstaltungen besuchen

Wir schauten uns im Internet nach interessanten Netzwerkveranstaltungen um, denn wir wollten andere Unternehmer kennenlernen. Nur so lernten wir interessante Menschen aus der Szene des Online-Marketings kennen, fanden erste Kooperationspartner:innen und natürlich auch neue Auftraggeber:innen. Bis heute glaube ich, dass wir kurz vor der großen Gründerwelle unsere Firma starteten und somit mit 26 und 27 Jahren meistens noch die jüngsten auf diesen Veranstaltungen waren. Dies brachte uns einige Vorteile, denn wir fielen auf und unsere Gründungsgeschichte war von großem Interesse. Einige wollten uns mit ihrem Auftrag eine Chance geben, welche wir dankend annahmen und so konnten wir wachsen.

5. Umgang mit dem Geld

Viele uns bekannte Unternehmer:innen scheiterten irgendwann an fehlendem Geld. Dies bedeutete aber meistens nicht, dass keine Umsätze erzielt werden konnten, sondern dass die Ausgaben viel zu hoch waren. Unsere ersten Investitionen setzten wir gezielt für die Infrastruktur der Firma, neue Mitarbeiter:innen und besseres Equipment ein, aber verzichteten auf hochwertige Möbel, teure Firmenautos und unnützen Kram, welcher für viele zum Prestige gehört. Gleichzeitig zahlten wir uns nur so viel Geld aus, wie wir wirklich zum Leben brauchten. Diese Strategie mit dem Geld zahlte sich zwar erst nach einigen Jahren aus, aber wenn die Einnahmen den Ausgaben so positiv gegenüberstehen, dann wird es schwierig dieses Gleichgewicht zu zerstören. Wir hätten uns viel eher mehr Gehalt auszahlen können, doch unsere heutigen Rücklagen bestätigen diese Strategie und ließen uns früh wieder ruhig schlafen.

7. Flache Hierarchien

Wir haben bei der Contunda GmbH schon immer eine sehr flache Hierarchie. Trotz meiner Position als Geschäftsführer fälle ich keine Entscheidung ohne Absprachen. Manchmal ist es etwas holprig, da ein gemeinsamer Konsens nicht immer gefunden wird, aber wenn du mehr Menschen in deinem Projekt mit Mitspracherecht und Möglichkeiten zur Selbstverwirklichung einbeziehst, dann ziehen alle an einem Strang. Ich persönlich bin nicht der Typ für eine One-Person-Show, da ich sehr anfällig für den Start neuer Projekte und die Umsetzung neuer Ideen bin. Hier in der Agentur schlagen alle schon die Hände über den Kopf zusammen, wenn ich mit einem neuen Blog-Projekt um die Ecke komme. Dies aber macht das Online-Marketing in meinen Augen aus, da wir so viele Möglichkeiten im Internet haben, die sich ständig verändern und weiterentwickeln.

Das Jahr 2020 hat uns mit dem Coronavirus auch getroffen und wir waren gezwungen neue Ideen zu entwickeln, um bestehenden Kund:innen zu helfen oder neue Kund:innen zu akquirieren. Es war der letzte Motivationsschub für die Vollendung und Überarbeitung dieses Buchs, an dem ich seit vielen Jahren geschrieben habe. Zusätzlich haben wir nun endlich eine eigene Plattform für Online-Kurse, so dass wir dich Leser:in dazu herzlich einladen, ein Teil davon zu werden. Mit dem Gutschein-Code **Gelesen** bekommst du nämlich zum Abschluss des Buches noch ein Geschenk von mir. Du bekommst alle Contunda-Kurse auf unserer Website *www.contunda-akademie.de* geschenkt. Dir werden alle Kurse freigeschaltet, die wir in Zukunft dort veröffentlichen werden oder bereits haben.

8. Zeit für Veränderung

Der Slogan *Zeit für Veränderung* stand wirklich auf unserem ersten Flyer und ich meine auch auf unserer ersten Visitenkarte. Heute finde ich den Satz grausam in Bezug auf das Online-Marketing, auch wenn er passt. Die größte Veränderung war damals der Umzug von meiner Wohnung in Essen-Altendorf in eine Gewerbeimmobilie nach Essen-Rüttenscheid. Wir hatten uns am Nachmittag die Immobilie angesehen und ich rief spät abends nervös und aufgeregt unsere Steuerberaterin an. Ich fragte, ob wir uns den Umzug leisten können und diesen großen Schritt wagen sollten. Unsere Steuerberaterin Susanne Schmidt aus Kettwig beruhigte mich und sagte: „Herr Asmuth, worauf wollen Sie noch warten?"

Wir waren viele Jahre sehr sparsam und vorsichtig mit den Ausgaben, aber sie empfahl uns diesen Umzug. Es war nur einer von vielen Ratschlägen, die der Contunda GmbH sehr geholfen haben und dafür möchte ich mich hier nochmals bedanken.

Wenn du in jungen Jahren ein eigenes Unternehmen gründest und da irgendwie hineinschlitterst, dann hol dir Unterstützung von Menschen mit Erfahrung, denen du vertraust. Ich habe das große Glück, dass auch meine Eltern immer hinter mir standen und bis heute stehen. Die Renovierungsarbeiten hat mein Vater übernommen und als wir noch Zuhause gearbeitet haben, bekamen Julian und ich häufig Mittagessen von meiner Mutter hochgebracht. Dafür geht ein weiteres herzliches Dankeschön raus an meine Eltern.

9. Akzeptanz für einen Selbstständigen

Ein letzter Abschnitt gehört noch in meine Gründerstory. Für die Contunda GmbH habe ich mein Studium abgebrochen und dies kam bei meinen Eltern anfangs nicht so gut an. Es gab aber einen Zeitpunkt, da erkannten auch meine Eltern, dass ich etwas für meine berufliche Zukunft gefunden hatte, das mich wirklich interessiert. Meine Freunde Thomas und Jan veranstalteten im März 2015 mit ihrem Team in der Weststadthalle Essen das Event *Ein Abend mit* und luden mich als Gast ein. Auf der Bühne und mit meinen Eltern im Publikum sprach ich über die Gründung von Contunda, erklärte den Anwesenden unsere Arbeit und berichtete von dem Weg in die Selbstständigkeit. An diesem Abend machte es bei meiner Mutter und meinem Vater endlich Klick. Das Studium war nicht länger mehr Thema. Für den Abend wurde ich in der dazugehörigen Facebook-Veranstaltung so angekündigt:

„Der Jungunternehmer aus Essen macht in SEO und "irgendwas mit Medien", das aber so erfolgreich, dass er inzwischen auch als Referent von anderen Einrichtungen gebucht wird. Wir haben den Netznerd mit seinen dröllfzig Blogs zu uns eingeladen!"

Bis heute passt diese Beschreibung optimal zu mir und meiner Arbeit. Ein weiteres Dankeschön auch an dieser Stelle für die Einladung.

Wenn du den Schritt in die Selbstständigkeit gehst, dann ist die Unterstützung der Familie und von Freunden wichtig. Anfangs wurde unsere Arbeit aus dem Freundeskreis nicht immer ernst genommen und als Nebenjob abgetan. Es dauerte bei einigen noch länger als bei meinen Eltern und am Ende arbeiteten wir dann plötzlich für diese Skeptiker:innen oder dessen Arbeitgeber:innen.

Es war mir ein Vergnügen

Wir kommen nun langsam zum Ende und es hat mir großen Spaß gemacht, meine berufliche Biografie aufzuschreiben. Du hast in diesem Buch unter anderem eine Schritt-für-Schritt-Anleitung bekommen, um im Internet mit einer eigenen Website mit dem Geld verdienen zu beginnen. Es ist kein Versprechen, aber auch du kannst es schaffen. Setze dir kleine Ziele und beginne mit deinem Projekt oder optimiere dein bestehendes Projekt.

Ich habe sehr viele Stunden an Arbeit in dieses Buch gesteckt und es viele Male aktualisiert, damit es zum Zeitpunkt der Veröffentlichung so aktuell ist wie es eben sein kann. Möglicherweise haben sich wieder viele Dinge verändert, sind weggefallen oder kamen neu in dieses spannende Spiel *Online-Marketing*. Vielleicht habe ich dir nun die Grundlagen erklärt, dich zu einem Blog-Projekt inspiriert oder du willst bei diesem Thema einfach nur mitreden. Wenn es dir Spaß gemacht hat und du an einigen Stellen schmunzeln musstest, dann habe ich eines meiner vielen Ziele mit diesem Buch erreicht.

Danksagungen

Auf den letzten Seiten habe ich mich bereits bei vielen Menschen bedankt, aber die Liste müsste noch viel länger sein.

Meine wunderbare Freundin und gleichzeitig die Mutter meines Kindes unterstützt meine Arbeit nun auch schon seit ein paar Jahren. Es ist nicht einfach mit einem Selbstständigen, der das Abschalten und das Urlaub machen erst wieder lernen musste.

Ich bin nichts ohne mein Team und ich hoffe sehr, dass dieses noch viele Jahre in dieser Konstellation zusammenbleibt.

Mit Julian Post gehe ich den Weg seit Anfang an und wir sind die Gründer von Contunda. Wenn Julian und ich eines können, dann uns heftig streiten und ohne viele Worte wieder versöhnen.

Steffen von der Eltz torkelte eines Tages in unser Büro und ging nie wieder fort. Er brachte die richtigen Fähigkeiten mit, ohne die Julian und ich im Chaos versunken wären.

Mirco Golchert ist der erste Auszubildende unserer Firma und seit so vielen Jahren dabei. Vom schüchternen Schülerpraktikanten ist er zu einer wichtigen Kreativ-Säule herangereift.

Marie Kollender fing als Werkstudentin bei uns an, machte erfolgreich ihren Bachelor und verließ uns zum Glück nicht. Alle Schönheiten dieses Buchs kommen von ihr, denn ohne sie wäre dies nur ein großer langer Fließtext geworden. Danke für die zahlreichen Überstunden, um dieses Buch fertigzustellen.

Martin Baier hat sich von einem absoluten Glücksgriff zu einem unverzichtbaren Teammitglied entwickelt. Ich bin ein großer Martin-Fan und so froh, dass wir dir damals die Chance gegeben haben, die du auf so eine unglaubliche Art und Weise genutzt hast.

Laura Schürenberg musste damals durch ein kleines Werkstudent:innen-Casting gehen, aber entschied dieses damals ziemlich eindeutig. Heute überrascht sie mich immer wieder mit neuen Fähigkeiten, die sie plötzlich für unsere Kunden umsetzt.

Jeder will doch mal in einem Buch erwähnt werden oder nicht?

Verdient hat es noch die Business Academy Ruhr, die mich damals zum ersten Mal als Dozent für Online-Marketing eingestellt hat. Die IHK-Zertifizierungen zum Online-Marketing-Manager und Social Media-Managerin haben uns mit dem fehlenden Wissen und wichtigen Tools versorgt. Ihr Netzwerk in Dortmund brachte uns viele neue Kund:innen, wir haben viel gelernt und ich werde diese Zeit nie vergessen.

Die Düsseldorfer Akademie für Marketingkommunikation hält es mit mir seit über fünf Jahren aus. Hier darf ich mich als Dozent frei entfalten und die Kurse so abhalten, wie ich es für richtig halte.

Die Miederkönigin Anne Penteker ist die zweite Kundin in der Geschichte von Contunda und bis heute arbeitet sie erfolgreich mit uns zusammen. Von ihr stammt der berühmte Satz, den ich in Kundengesprächen immer wieder anwende:

„Wer oben nichts in den Automaten schmeißt, der bekommt unten auch nichts raus."

Zum Abschluss noch ein paar Vornamen, die alle eine wichtige Rolle im Contunda-Kosmos gespielt haben: Nadine, Tobias, Sebastian, Jens, Sabrina, Tim, Pascal.

Vielen Dank fürs Lesen

Burkhard Asmuth